景宁畲族自治县
耕地质量与管理

刘术新　李小荣　主编

U0306387

中国农业科学技术出版社

图书在版编目（CIP）数据

景宁畲族自治县耕地质量与管理／刘术新，李小荣主编 . —北京：中国农业科学技术出版社，2016.4

ISBN 978 - 7 - 5116 - 2563 - 2

Ⅰ.①景…　Ⅱ.①刘…②李…　Ⅲ.①耕地资源 - 资源评价 - 景宁畲族自治县②耕作土壤 - 质量管理 - 景宁畲族自治县　Ⅳ.①F323.211②S155.4

中国版本图书馆 CIP 数据核字（2016）第 065657 号

选题策划	闫庆健
责任编辑	闫庆健
责任校对	李向荣

出 版 者	中国农业科学技术出版社
	北京市中关村南大街 12 号　邮编：100081
电　话	（010）82106632（编辑室）　（010）82109702（发行部）
	（010）82109709（读者服务部）
传　真	（010）82106625
网　址	http：//www.castp.cn
经 销 者	各地新华书店
印 刷 者	北京教图印刷有限公司
开　本	850mm ×1 168mm　1/32
印　张	4
字　数	97 千字
版　次	2016 年 4 月第 1 版　2016 年 4 月第 1 次印刷
定　价	35.00 元

《景宁畲族自治县耕地质量与管理》
编 委 会

顾　　问：叶玉琪　　刘万民　　林华法　　刘赵康

主　　编：刘术新　　李小荣

副 主 编：梁碧元　　丁枫华　　吴东涛　　刘荣华

参编人员：陈国鹰　　程义华　　李永青　　程　浩
　　　　　　沈松伟　　陈方景　　陈振华　　胡华伟
　　　　　　杜一新　　刘丽华　　金　凯　　叶昴成
　　　　　　吴小芳　　韩扬云

序

耕地是发展经济和农业生产最重要的资源。开展耕地质量评价，是摸清景宁畲族自治县耕地基础生产能力、土壤肥力状况与土壤障碍因素，制订耕地质量管理、耕地改良与利用、农业结构调整以及农业生产发展规划，指导科学用地，提高耕地利用效率，保障粮食安全，推进景宁畲族自治县现代农业发展的一项重要的基础性工作。

2009 年景宁畲族自治县开始实施农业部测土配方施肥补贴项目，采集、化验分析土壤样品 655 个、4 000 余项次，建立了景宁畲族自治县耕地土壤养分数据库；通过电视、广播、报纸、黑板报、技术培训会、印发技术资料、测土配方施肥建议卡、现场会、测土配方施肥方案公示牌上墙等多种形式开展广泛宣传；通过举办示范方、示范片开展测土配方施肥肥效试验示范，通过推广应用配方肥、商品有机肥提高了技术到位率、覆盖率；经全县各级农业部门的共同努力，摸清了全县耕地、园地的肥力水平，建立了水稻、景宁惠明茶叶、蔬菜等不同作物的施肥指标体系；测土配方施肥技术得到了广泛应用。

《景宁畲族自治县耕地质量与管理》一书是景宁畲族自治县全体农业科技工作者集体智慧的结晶。他们历时数年，综合景宁畲族自治县第二次土壤普查数据，耕作制度变迁、农作物品种更新、气候变化、施肥品种结构变化，当前耕地土壤养分现状、种植业结构、测土数据开发应用效果，农产品产量和品质变化趋势等因素，经过大量基础性研究和科学分析，形成了一套符合景宁畲族自治县实际的耕地评价管理和科学施肥模式。此书内容丰富，图文并茂，数据翔实，观点鲜明，既是一本系统阐述景宁畲族自治县耕地地力变化趋势及现状的基础性文献，也是对近年来景宁畲族自治县土肥工作的一次很好的总结。

此书的出版和发行，必将加深社会各界对耕地质量在农业发展中的基础地位和作用的认识，从而形成良好的社会氛围，进一步推进用地养地相结合，重视耕地质量保护与提升，为夯实农业发展基础、加快发展农业产业提供保障。

丽水市农业局副局长

2016 年 4 月

前　言

　　耕地是人类赖以生存和发展最根本的物质基础，是农业生产最基本的生产资料，是保持社会和国民经济可持续发展的重要资源。经过20世纪80年代初的第二次土壤普查，已经初步摸清了耕地的种类、分布以及土壤的理化性状。但随着社会经济和城乡的快速发展，农业产业结构发生了巨大的变化，耕地利用状况、耕地质量和肥力水平也发生了很大的变化。自2009年开始，丽水市景宁畲族自治县土肥站严格按照《测土配方施肥技术规范》要求，精心组织开展调查工作，圆满完成了景宁畲族自治县测土配方施肥的各项工作。积累了大量的野外调查、土壤指标和试验示范数据，这次耕地质量评价正是充分利用这些数据，并结合第二次土壤普查和土地利用现状调查结果等资料，完成了评价指标体系建立、地力等级评价、建立耕地资源管理信息系统等工作，为科学合理施肥、耕地质量建设、种植业结构调整、优势农业资源合理利用、优势主导产业发展和生态环境保护提供了科学依据。

　　为了将耕地质量评价成果应用于耕地管理和农业生产，我们编写了《景宁畲族自治县耕地质量与管理》一书。书中有大量调查与化验分析数据，并配以成果图表，工作量大，难免存在疏漏，望广大读者批评指正。

编　者

2016 年 3 月

目 录

第一章 自然条件与农业概况

第一节 自然条件与农村经济概况

一、地理位置、面积与历史沿革

景宁畲族自治县位于浙江省西南部，北纬 27°58′，东经 119°38′。属丽水市，东邻青田县、文成县，南衔泰顺县和福建省寿宁县，西接庆元县、龙泉市，北毗云和县，东北连丽水市。

景宁畲族自治县土地总面积 290.80 万 hm²，其中，已利用的土地面积为 268.60 万 hm²，土地利用率为 92.37%。其中，耕地 11.28 万 hm²，占 3.88%；园地 8.40 万 hm²，占 2.89%；林地 235.20 万 hm²，占 80.88%；居民点及工矿用地 7.59 万 hm²；占土地总面积的 2.61%；交通用地 1.01 万 hm²，占 0.35%；水域 5.12 万 hm²，占 1.76%；未利用土地 22.20 万 hm²，占 7.63%。

县境在西周以前，属古扬州之域。西周、春秋时期属越。战国时越亡属楚。秦属闽中郡。汉初属东瓯国，隶会稽郡。昭帝始元二年（公元前 85 年）属回浦县。东汉章和元年（公元 87 年）属章安县（回浦县改称）。自建安八年（公元 203 年）章安县析置松阳县后，属松阳县，历三国（吴）、东晋、南朝近四百年未变。隋开皇九年（公元 589 年）置处州及括苍县后，属括苍县。唐景云二年（公元 711 年）置青田县后，历五代、两宋及元，均属青田县。

明景泰三年（公元 1452 年）兵部尚书孙原贞巡抚浙江，以"青田县西南五百余里，山谷险远，矿徒啸聚"奏析青田县柔远乡之仙上里、仙下里、连云里和鸣鹤乡之曳练里、真固里、在下里、在上里、升天东里、升天西里置景宁畲族自治县。属处州府，隶浙江承宣布政使司。

清顺治元年（公元 1644 年）属处州府，隶浙江省。宣统三年（公元 1911 年）辛亥革命后，属处州军政分府，隶浙江军政府。

民国元年（公元 1912 年）直属浙江省都督府；三年属瓯海道；十六年直属浙江省；二十一年六月，属第十二行政督察区；同年十月，改属第三特区；二十四年六月改属丽水行政督察区；二十五年四月属第九行政督察区；三十七年四月，属第六行政督察区；七月，属第七行政督察区。

1949 年 5 月 12 日，景宁畲族自治县解放，属浙南行政公署；7 月改属第七专区。

中华人民共和国成立后，景宁畲族自治县属丽水专区。1960 年 1 月，撤销景宁畲族自治县建制，并入丽水县，属温州专区。1962 年 6 月，划云和县、景宁畲族自治县地复置云和县，属温州专区。1963 年 5 月，属丽水专区。1978 年 9 月，改属丽水地区。1984 年 6 月 30 日，国务院批准以原景宁畲族自治县地建景宁畲族自治县，仍属丽水地区。2000 年 10 月，丽水地区改为丽水市，随属丽水市。

二、行政区划与人口

2012 年 2 月 1 日景宁畲族自治县根据《浙江省人民政府关

于景宁畲族自治县部分行政区划调整的批复》（浙政函〔2011〕349 号）和《丽水市人民政府关于景宁畲族自治县部分行政区划调整的批复》（丽政〔2011〕176 号）精神，行政区划调整为：红星和鹤溪 2 个街道；沙湾、英川、东坑和渤海 4 个镇；澄照、大均、毛洋、雁溪、大漈、九龙、梧桐、标溪、大地、秋炉、梅岐、家地、鸬鹚、景南、葛山和郑坑 16 个乡。共 254 个行政村。

景宁畲族自治县总户数 54 908 户，总人口 171 867 人。景宁畲族自治县非农业人口 31 054 人，占总人口数 18.07%。农业人口 140 813 人，占总人口数 81.93%；人口自然增长率为 9.28‰。

三、自然条件

1. 地形地貌

景宁地处浙南山地中部，洞宫山脉自西南向东北斜贯，峰峦耸立，千米以上山峰近 800 座。地形复杂，地势由西南向东北渐倾。地貌以深切割山地为主，发源于洞宫山脉的瓯江支流小溪，自西南向东北贯穿全境，将县境分为南北两部分，形成两岸宽约 124.6km 的狭长带。境内海拔高低悬殊，最高的大漈乡海拔 1 020m，最低处为海拔 60m 原陈村乡鹤口村，目前高程 160m 以下均已被千峡湖水库淹没。

2. 水系径流

景宁畲族自治县大部分地区属瓯江流域第二大支流小溪水系。小溪自西南向东北贯穿景宁畲族自治县，主流长 124.6km，流域面积 258.98 万 hm^2，占景宁畲族自治县总水域面积的 88.5%，多年平均年径流量 18.60 亿 m^3，其主要支流有毛垟港、英川港、标溪港、梧桐坑、大赤坑、鹤溪、炉西坑、大顺源、小顺源等。南部部分地区属飞云江水系，发源于敖木山南麓的飞云江（又名北溪）流经北溪、白鹤、东坑等村入泰顺，在本县境内主流长 31.9km，流域面积 33.66 万 hm²，占景宁畲族自治县总水域面积的 11.5%，多年平均年径流量 3.66 亿 m³，其主要支流有里塘口等。

3. 气候特征

气候属中亚热带季风气候，温暖湿润，雨量充沛，四季分明。年平均气温 18℃，极端最高气温为 41.4℃，极端最低气温为 -5.3℃。年平均降水量为 1 900mm，降水时空分布不均匀，春季多雨高湿，梅雨期和台风期多暴雨，夏秋多干旱。年无霜期为 196～241 天，平均日照时数为 1 728.5 小时，为全省日照时数最少的地区之一。由于地形、海拔差异，垂直气候变化明显。气温随海拔升高的递减率为 0.5℃/100m，降水量的递增率为 26.5mm/100m，无霜期的递减率为 4.9 天/100m。小溪两岸低海拔地区为典型中亚热带气候。由于季风交替和季风活动的不稳定性，常有暴雨、冰雹、大风和"倒春寒""五月寒"等灾害性天气出现。

四、土地与土壤资源

景宁畲族自治县拥有耕地面积 11.28 万 hm²，其中，水田面积 9.16 万 hm²，旱地面积 2.12 万 hm²；林地面积 235.20 万 hm²；园地面积 8.40 万 hm²；其他农用地面积 7.88 万 hm²。

根据 1984 年完成的第二次土壤普查的土壤分类暂行方案，景宁畲族自治县土壤共分 4 个土类、10 个亚类，27 个土属，52 个土种。其中红壤、黄壤两个土类在空间上占绝对优势，水稻土次之，潮土仅少量分布。各土类面积及分布乡（镇、街道）

见表 1 - 1。

表 1 - 1　各土类面积及分布乡（镇、街道）

土类	面积（万亩）	占比（%）	分布乡（镇、街道）
红壤	130.60	45.07	东坑、沙湾、渤海、英川、鹤溪、红星、九龙、梧桐、澄照
黄壤	123.45	42.60	东坑、沙湾、英川、鹤溪、景南、梅岐、大地、大漈、大均、家地、澄照、标溪
潮土	1.09	0.38	渤海、红星、沙湾
水稻土	34.60	11.95	英川、大地、景南、郑坑、标溪、东坑、鹤溪、红星、大漈、澄照、渤海、毛垟、景南、梧桐、鸬鹚、九龙、葛山、秋炉
合计	289.74	100	

第二节　农业生产概况

一、农业发展历史

新中国成立初期的景宁畲族自治县种植业落后，1949 年粮食总产量只有 2 105.1 万 kg，茶叶总产量 945 担。新中国成立以后，生产有了很大的发展，但历经曲折。特别是通过党的十一届三中全会以后，在农村实行生产承包责任制，发展速度进一步加快，1984 年粮食总产量为 5 703.78 万 kg，比 1949 年总产增加 1.71 倍，每年递增 2.89%，比党的十一届三中全会前的 1978

年总产增加 38.06%，年递增 5.5%。

二、农业生产发展现状

近年来，景宁畲族自治县认真落实全面、协调、可持续的科学发展观，大力发展高效生态农业，促进了农业结构的优化升级，综合效益显著提高。

景宁畲族自治县种植业稳定增长。2012 年粮食播种面积 121 734hm^2，比上年减少 7 416hm^2；粮食总产量 43 668 吨（含马铃薯），减少 1 316 吨，其中谷物播种面积 72 493hm^2，增加 1 605hm^2，产量 33 370 吨，增加 983 吨；全年香菇产量为 2 456 吨，减少 56 吨；全年蔬菜播种面积 75 317hm^2，增加 9 802hm^2，总产量 94 401 吨，增加 13 471 吨；水果总产量 11 407 吨，增加 2 677 吨，其中，柑橘产量 3 029 吨，增加 123 吨；茶叶生产规模扩大，并继续向名、优、高方向发展，总产量为 1 860 吨，增加 411 吨；油料总产量 524 吨，减少 45 吨；药材种植面积 10 736hm^2；烟叶种植面积为 1 297hm^2，减少 234hm^2。

第三节　耕地与土壤资源概况

一、耕地利用现状

1. 水田土壤利用现状

景宁畲族自治县水田总面积为 9.16 万 hm^2。主要耕作制度有蚕豌豆 – 水稻、长豇豆 – 水稻、春大豆 – 水稻，部分农田种植柑橘、葡萄等经济作物。近年来，各级政府加大了粮油生产的优惠政策，使两县粮食和蔬菜生产保持稳定。

2. 旱地土壤利用现状

景宁畲族自治县旱地总面积为 2.12 万 hm^2。主要种植大豆、玉米、番薯、马铃薯等粮食作物。高山蔬菜作为短平快的农业项目，近几年价格一直保持稳中有升，加上受柑橘销售难等因素的影响，农户优化产业结构的积极性、主动性进一步增强。

二、土壤类型与主要特性

景宁畲族自治县根据土壤普查的实际情况，土壤类型为红壤、黄壤、潮土、水稻土 4 个土类，10 个亚类，27 个土属，52 个土种。其中红壤、黄壤两个土类在空间上占绝对优势。

红壤土类分布在海拔 750m 以下的低山丘陵，与景宁畲族自治县地处湿润中亚热带生物气候条件相吻合，脱硅富铝化为其独特的主导成土过程。由于景宁畲族自治县海拔较高，坡陡，红壤化作用强度不深，故典型红壤少，主要是红壤向黄壤过渡类型的黄红壤亚类为主；同时由于某些地段植被破坏、坡度大，冲刷严重，土壤发育迟缓，也形成了相当面积的侵蚀型红壤亚类。

黄壤土类分布在海拔 750m 以上的中山区，在湿润中亚热带森林灌丛下，土壤富铝化作用明显，但由于海拔高度较高，大气及土壤的湿度大，土体中铁的氢氧化物的水化，使土色发黄，表土有机质积累较丰富。在坡度较陡，森林覆盖度低的地段，形成了有相当面积的侵蚀型黄壤亚类。

水稻土类主要在红壤、黄壤及潮土类土壤的基础上，经长期的人为水田耕作以后发育而成，包括渗育型、潴育型、潜育型 3 个亚类。

潮土土类是由近代溪流洪、冲物沉积发育而成。由于本县溪流源短流急，河床狭窄，迴流沉积物少，故潮土分布少，仅在小溪两岸局部缓流开阔地段零星分布着，如渤海、红星、沙湾等地的培沙土。

第四节　耕地开发利用和管理

一、耕地开发利用

1949 年年末，景宁畲族自治县耕地面积 11.786 万 hm^2，在 1956—1957 年，开展农田建设，垦复荒田、荒地，耕地增加到 13.86 万 hm^2。经过几十年的改善，2009 年年末景宁畲族自治县耕地面积已有 19.68 万 hm^2。

二、耕地管理

新中国成立前，生产水平低下，生产面貌是"种种一畈，收收一罐"。新中国成立后，人民政府十分重视改良土壤工作。从 1981 年 10 月至 1985 年 12 月，景宁畲族自治县开展第二次土壤普查。查出低产田的主要类型有：靠天田、冷水田、烂糊田、薄土田等。

靠天田：所处的地形位置高或山坡岗背，景宁畲族自治县各乡镇街道均有分布，主要原因是缺水。因此，只要能解决缺水问题，通过发展灌溉系统、避旱种植、增加施肥等措施可提高产量水平。

冷水田：主要分布在海拔 500m 以上的低山区，处于山坡、山间谷地和山湾小洼地内。通过排灌渠系建设，改串灌、漫灌为死水丘灌，并辅之客土、挖高垫低、平整土地、增施有机肥和磷钾肥等措施，使山区土冷、薄、瘦等病根得到改良。

烂糊田：土壤类型为烂灰田、烂黄泥田等潜育型水稻土，零星分布于大漈、景南、郑坑、沙湾等地。通过建立和改善 3 沟（防洪沟、排灌沟、导泉沟），排除田边和田内的山泉冷水，降低农田地下水位，犁冬晒垡，水旱轮作、增加施肥等措施改良土壤。

薄土田：土层较薄，土体砂砾性强，容易漏水漏肥的低产田，一般分布于溪流两旁或山坑两旁以及山区陡坡处。可通过加客土增加耕作层厚度，合理施肥等措施得到改良。

第二章　耕地地力评价

第一节　调查方法与内容

一、调查取样

土壤样品采集是土壤测试的一个重要环节。采集有代表性的样品，是如实反映客观情况的先决条件。因此，必须选择有代表性的农户地块和有代表性的土壤进行采样，并根据不同分析项目采用相应的采样和处理方法。

1. 布点原则

根据《农业部测土配方施肥技术规范》《浙江省省级耕地地力分等定级技术规程规程》以及景宁畲族自治县的实际情况，本次调查中调查样点的布设采取如下原则。

（1）代表性原则。本次调查的特点是在第二次土壤普查的基础上，摸清不同土壤类型、不同土地利用方式下的土壤肥力和耕地生产力的变化和现状。因此，调查布点必须覆盖景宁畲族自治县耕地土壤类型。

（2）典型性原则。调查采样的典型性是正确分析判断耕地地力和土壤肥力变化的保证，特别是样品的采取必须能够正确反映样点的土壤肥力变化和土地利用方式的变化。因此，采样点必须布设在利用方式相对稳定，没有特殊干扰的地块。

（3）科学性原则。耕地地力的变化并不是无规律的，是土壤分布规律的综合反映。因此，调查和采样布点上必须按照土壤分布规律布点，不打破土壤图斑的界线。

（4）比较性原则。为了能够反映第二次土壤普查以来的耕地地力和土壤质量的变化，尽可能在第二次土壤普查的取样点上布点。

（5）突出重点原则。从景宁畲族自治县近年来产业结构调整实际出发，突出经济作物如水果、蔬菜、茶叶等无公害农产品基地耕地的调查布点。

在上述原则的基础上，调查工作之前充分分析了景宁畲族自治县的土壤分布状况，收集并认真研究了第二次土壤普查的成果以及相关的试验研究资料。在丽水市土肥植保站的指导下，通过野外踏勘和室内图件分析，确定调查和采样点，保证本次调查和评价的高质量完成。

2. 布点方法

按照《农业部测土配方施肥技术规范》《浙江省省级耕地地力分等定级技术规程》的要求，根据景宁畲族自治县总面积、地形部位、土壤类型、农作物布局和生产情况、每个点代表面积的要求进行采样点控制，一般水田每200亩布一个点，园地每100亩布一个点，山区面积可适当扩大，确定景宁畲族自治县采样点总数为655个。在调查的基础上，结合土壤图、土地利用现状图、行政区划图等，绘制样点分布图。土壤取样时再利用GPS定点作适度调整，点位要尽可能与第二次土壤普查的采样点相一致，以确保土壤样本能客观真实地反映耕地质量变化状况。

3. 采样方法

（1）采样时间。在农作物采收前后、秋冬施肥前采样。

（2）野外采样田块确定。根据点位图，到点位所在的村庄，首先向农民了解本村的农业生产情况，确定具有代表性的田块，田块面积要求在 $667m^2$ 以上，依据田块的准确方位修正点位图上的点位位置，并用 GPS 定位仪进行定位。

（3）调查、取样。向已确定采样田块的户主，按调查表格的内容逐项进行调查填写。采样深度统一为 0~30cm 土层。每一土样选取有代表性的田块，按照"随机""等量"和"多点混合"的原则，沿"S"路线多点取样，取 15 个左右点混合均匀后用四分法留样 1kg。现场用 GPS 定位仪记录采样点经纬度、海拔高度，按照乡镇代码和年份、采样顺序编码，认真填写采样地块调查表和农户施肥调查表。

二、调查内容

调查内容是耕地评价的核心，决定耕地地力评价成果的质量，为了准确地划分耕地地力的等级，真实地反映耕地环境质量状况，实现客观评价耕地质量状况的目的，就需要对影响耕地地力的土壤属性、自然背景条件、耕作管理水平等要素，以及影响耕地环境质量的有毒有害物质进行调查。根据耕地地力分等定级和耕地质量评价的要求，对景宁畲族自治县境内水田、旱地、菜地、灌溉条件及农业生产管理等进行了全面的调查。其调查内容主要有：

1. 采样地块基本情况调查表的填写

见表 2-1。

（1）统一编号。按农业部《测土配方施肥技术规范》规定

统一采用 19 位编码—采样点邮政编码 6 位＋采样目的标识 1 位
（G：一般农化样，E：试验田基础样，D：示范田基础样，F：
农户调查样，T：其他样品）＋采样时间（年、月、日）8 位＋
采样组 1 位（用字母表示，如 A、B、C、D）＋采样顺序 3 位
（不足 3 位的前面补"0"）。统一编号根据调查内容在室内生成。

（2）调查组号。统一用英文字母"A、B、C"表示。

（3）采样序号。以乡镇为单位的采样顺序编号，3 位数，
不足 3 位，前面补"0"。野外现场填写。

（4）采样目的。分为一般农化样（G），试验田基础样
（E），示范田基础样（D），农户调查样（F），其他样品（T）。
野外现场填写。

（5）采样日期。本次采样时间，8 位数，格式为"yyyy—
mm—dd"。

（6）上次采样日期。距离本次采样最近的一次，填写方法
同上。

（7）乡（镇）名称。采样点所在乡或相当于乡的行政区划
名称，用全称，现场填写。

（8）村组名称。采样点所在村或相当于村的行政区划名称，
统一加"村"。

（9）邮政编码。采样点所在乡镇的邮政编码。

（10）农户名称。调查地块承包户户主姓名。

（11）地块名称。指农田单个地块名称。

（12）地块位置。可分为：村北、村东北、村东、村东南、
村南、村西南、村西、村西北等。

（13）距村距离。大致数字，如：距村 250m。

（14）经度和纬度。根据 GPS 定位信息填写，如：

31°35′40.2″。

（15）海拔高度。可根据 GPS 定位信息填写。

（16）地貌类型。统一按"浙江省地貌类型划分及指标"规定的标准和内容填写，景宁畲族自治县共涉及溪谷、低山、丘陵、中山 4 种地貌类型。

（17）地形部位。可根据本地具体情况划分。

（18）地面坡度。采样点所在图斑的坡度，大致数字。

（19）田面坡度。分为 <3、3~6、6~10、10~15、15~25、≥25。

（20）坡向。可分为平地，北、东北、东、东南、南、西南、西、西北等。

（21）通常地下水位。无法获得，空。

（22）最高地下水位。从第二次土壤普查剖面表中获得。

（23）最低地下水位。从第二次土壤普查剖面表中获得。

（24）常年降水量。单位为 mm，从丽水市气象局获得。

（25）常年有效积温。单位为℃，从丽水市气象局获得。

（26）常年无霜期。单位为天，从丽水市气象局获得。

（27）农田基础设施。分为完全配套、配套、基本配套、不配套、无设施。

（28）排水能力。强、中、弱。

（29）灌溉能力。分为充分满足、一般满足、无灌溉条件。

（30）水源条件。分为水库、井水、河水、湖水、塘堰、集水窖坑、无。

（31）输水方式。分为提水、自流，土渠、衬渠、"U"形槽、固定管道、移动管道、简易管道、直灌、无。用"提水"或"自流" + "××××"表示。

表2-1　耕地地力评价采样地块基本情况调查

统一编号：　　　　　　　　调查组号：　　　　　　　采样序号：
采样目的：　　　　　　　　采样日期：　　　　　　　上次采样日期：

地理位置	省(市)名称	地(市)名称	县(旗)名称	
	乡(镇)名称	村组名称	邮政编码	
	农户名称	地块名称	电话号码	
	地块位置	距村距离(m)	/	/
	纬度(度:分:秒)	经度(度:分:秒)	海拔高度(m)	
自然条件	地貌类型	地形部位	/	/
	地面坡度(度)	田面坡度(度)	坡向	
	通常地下水位(m)	最高地下水位(m)	最深地下水位(m)	
	常年降水量(mm)	常年有效积温(℃)	常年无霜期(d)	
生产条件	农田基础设施	排水能力	灌溉能力	
	水源条件	输水方式	灌溉方式	
	熟制	典型种植制度	常年产量水平(kg/亩)	
土壤情况	土类	亚类	土属	
	土种	俗名	/	/
	成土母质	剖面构型	土壤质地(手测)	
	土壤结构	障碍因素	侵蚀程度	
	耕层厚度(cm)	采样深度(cm)	/	/
	田块面积(亩)	代表面积(亩)	/	/

来年种植意向	茬口	第一季	第二季	第三季	第四季	第五季
	作物名称					
	品种名称					
	目标产量					

采样调查单位	单位名称		联系人	
	地址		邮政编码	
	电话	传真	采样调查人	
	E-mail			

（32）灌溉方式。分为喷灌、滴灌、渗灌、沟灌、畦灌、漫灌、膜灌、无。

（33）熟制。分为常年生、一年一熟、一年二熟、一年三熟、一年四熟、两年一熟、两年三熟、三年一熟、四年一熟等。

（34）典型种植制度。主要种植制度分为稻、稻—稻、油—稻、麦—稻、油—稻—稻、肥—稻—稻、菜—稻等。

（35）常年产量水平。单位为 kg/亩，是前 3 年的年度平均产量水平，种植其他作物，折算成全年粮食产量。

（36）土类、亚类、土属、土种。按照第二次土壤普查土壤分类系统填写。

（37）俗名。当地群众给土壤的通俗名称。

（38）成土母质。滨海沉积、河海沉积、湖沼沉积、河流冲积、坡积再积、残积物。

（39）剖面构型。水田为 A－Ap－W－C、A－Ap－Gw－G、A－Ap－P－C、A－Ap－C、A－Ap－G 共 5 种，旱地为 A－［B］－C、A－［B］C－C、A－C 共 3 种。

（40）土壤质地。手测法，分为砂土、砂壤、壤土、黏壤、黏土。

（41）土壤结构。分为无、团粒状、微团粒、块状、团块状、核状、柱状、粒状、棱柱状、片状、鳞片状、透镜状等。

（42）障碍因素。分为无明显障碍、灌溉改良型、渍潜稻田型、盐碱耕地型、坡地梯改型、渍涝排水型、沙化耕地型、障碍层次型（砂漏、黏隔、漂白）、瘠薄培肥型。

（43）侵蚀程度。分为无明显侵蚀、轻度侵蚀、中度侵蚀、强度侵蚀、剧烈侵蚀。

（44）采样深度。视情况而定。

（45）田块面积。指调查采样地块单丘农田的面积。

（46）代表面积。指采样点在一个村或一个乡代表的土种面积。

（47）来年种植意向。记录计划种植每季作物的名称、品种名称和目标（期望）产量。

2. 农户施肥情况调查表的填写

见表2 - 2。

（1）生长季节。分为第一季作物、第二季作物、第三季作物。

（2）作物名称。分为单季稻、双季早稻、双季晚稻、油菜、水果、茶叶和蔬菜等。

（3）品种名称。按实际情况填写。

（4）播种日期。指开始播、种、栽日期，如2009 - 09 - 09。水稻统一为移栽到大田的日期。

（5）收获日期。完成收获的日期，如2009 - 10 - 09。

（6）产量水平。该作物在该地区同等肥力水平条件下，前3年的平均产量，单位为 kg/亩。

（7）生长期内降水次数和生长期内降水量。不填。

（8）生长期内灌水次数和生长期内灌水总量。不填。

（9）灾害情况。分为风、雪、冷、冻、霜、雹、旱、涝、病、虫、畜、人等。如果有多种灾害，请用" + "号连接。

（10）推荐施肥情况。包括推荐单位性质（分为技术推广部门、科研教学部门、肥料企业、其他部门）、推荐单位名称、推荐施肥目标产量、推荐施肥化肥（N、P_2O_5、K_2O、其他元素）用量，推荐施肥有机肥名称和用量及施肥成本。

（11）实际施肥总体情况。包括实际产量、实际肥料成本、化肥（N、P$_2$O$_5$、K$_2$O、其他元素）实际用量、有机肥名称和实际用量等。

（12）实际施肥明细。包括施肥序次、施肥时期、肥料名称。

表 2-2　农户施肥情况调查

统一编号：

	生长季节		作物名称				品种名称		
施肥相关情况	播张季节		收获日期				产量水平		
	生长期内降水次数		生长期内降水总量				/		/
	生长期内灌水次数		生长期内灌水总量				灾害情况		
推荐施肥情况	是否推荐施肥指导		推荐单位性质				推荐单位名称		
	配方内容	目标产量(kg/亩)	推荐肥料成本(元/亩)	化肥(kg/亩)					有机肥(kg/亩)
				大量元素			其他元素		肥料名称
									实物量
				N	P$_2$O$_5$	K$_2$O	养分名称	养分用量	
实际施肥总体情况	实际产量(kg/亩)	实际肥料成本(元/亩)	化肥(kg/亩)	化肥(kg/亩)					有机肥(kg/亩)
				大量元素			其他元素		肥料名称
									实物量
				N	P$_2$O$_5$	K$_2$O	养分名称	养分用量	
	汇总								

（续表）

实际施肥明细	施肥明细	施肥序次	施肥时期	项目			施肥情况					
							第一种	第二种	第三种	第四种	第五种	第六种
		第一次		肥料种类								
				肥料名称								
				养分含量情况（%）	大量元素	N						
						P₂O₅						
						K₂O						
					其他元素	名称						
						含量						
				实物量(kg/亩)								
		第二次		肥料种类								
				肥料名称								
				养分含量情况（%）	大量元素	N						
						P₂O₅						
						K₂O						
					其他元素	名称						
						含量						
				实物量(kg/亩)								

三、样品检测

1. 仪器设备

建有独立土肥化验室，面积 $275m^2$，配有火焰-石墨炉原子吸收分光光度计、原子荧光光度计、消解仪、紫外分光光度计等一批土肥分析设备，提高了土壤检测水平，具备独立检测土壤、植物等 20 余项数据的能力，目前化验室运行正常。

2. 化验员培训

为确保测土配方施肥项目土壤测试工作顺利开展，参加省站组织的统一培训，为圆满完成分析化验任务打下了良好的基础。

3. 检测方法

严格按照农业部《测土配方施肥技术规范》要求。见表 2－3。

四、实验室质量控制

1. 严格分析质量

（1）定期使用有证标准物质进行监控或次级标准物质进行内部质量控制。

（2）参加实验室间比对或能力验证。

（3）使用相同或不同方法的重复测试。

（4）对保留样品进行复验。

（5）某一样品不同项目测试结果的相关性分析。

（6）严格按规定的标准、方法进行测试。

（7）标准溶液统一配制，2 个月标定一次，重现性是否完好。

（8）每批样按规定做空白样、平行，同时做质控样。

（9）对列入强制检定的仪器设备每年检定，不能检定的进行自校。

表2-3 土样化验项目及分析方法

化验项目	前处理方法	分析方法及标准
容重	环刀取样	重量法 NY/T1121.4—2006
土壤机械组成	0.5mol/L 分散剂	比重法 NY/T1121.3—2006
水分	105℃±2℃，烘干6~8h	烘干法 NY/T52—1987
pH 值	无 CO_2 的蒸馏水浸提土液比=1:2.5	玻璃电极法 NY/T1121.2—2006
有机质	$H_2SO_4 - K_2Cr_2O_7$ 氧化法	容量法 NY/T1121.6—2006
全氮	半微量开氏法	容量法 NY/T53—1987
有效磷	氟化铵 - 稀盐酸浸提（酸性土）	分光光度法 NY/T1121.7—2006
	碳酸氢钠浸提（石灰性土）	NY/T148—1990
速效钾	乙酸铵提取	火焰光度法 NY/T889—2004
阳离子交换量	乙酸钙交换（石灰性土）	容量法 NY/T1121.5—2006
	乙酸铵交换（中性、酸性土壤）	土壤分析技术规范
水溶性盐总量	无 CO_2 去离子水浸提、水土比=5:1	重量法 NY/T1121.16—2006
中微量元素	M_3 通用浸提剂浸提	ICP – AES 法测定

2. 严格数据的记录、校核和审核

检测原始记录应包含足够的信息以保证其能够再现。

参与抽样、样品准备以及测试分析、核对的人员均应在记录上签名。

应在检测过程中及时填写检测原始记录，不得事后补填或抄填。

记录的更改应在原有记录上更改进行，不得覆盖原有记录的可见程度，并由更改的实施者签名或盖章。必要时，应注明更改原因。

填表人员由县农业局统一培训，指定专业技术人员担任。

所有野外填写项目必须在野外现场填写，不留空项。

农户施肥及种植制度由乡、镇、街道负责填写，县农业局负责审核。

第二节　评价依据及方法

耕地地力评价是指耕地在一定利用方式下，在各种自然要素相互作用下所表现出来的潜在生产能力的评价，揭示耕地潜在生物生产能力的高低。由于在一个较小的区域范围内（县域），气候因素相对一致，因此，耕地地力评价可以根据所在县域的地形地貌、成土母质、土壤理化性状、农田基础设施等因素相互作用表现出来的综合特征，揭示耕地潜在生物生产力，而作物产量是衡量耕地地力高低的指标。

一、评价的目的和意义

开展耕地地力评价是测土配方施肥补贴项目的一项重要内容，是摸清区域耕地资源状况、提高耕地利用效率、促进现代农业发展的重要基础工作。耕地地力评价是土壤肥料工作的基础，是加强耕地质量建设、提高农业综合生产能力的前提。开展耕地地力评价工作是为了查清耕地基础生产能力、土壤肥力状况、土壤障碍因素、土壤环境质量状况等，并对耕地进行合理评价，为粮食安全发展规划、农业结构调整规划、耕地质量保护与建设、无公害农产品生产、科学施肥以及退耕还林还草、节水农业、生态建设等提供科学依据，从而有力地促进农业可持续发展。

二、评价依据

按照农业部办公厅、财政部办公厅《关于印发 2010 年全国测土配方施肥补贴项目实施指导意见的通知》（农办财〔2010〕47 号）以及项目县与农业部签订的"测土配方施肥资金补贴项目"合同要求，各项目县应做好耕地地力评价工作。

耕地地力评价的依据为 NY/T309—1996《全国耕地类型区、耕地地力等级划分》及《浙江省省级耕地地力分等定级技术规程》。

三、评价技术流程

耕地地力评价工作分为 4 个阶段，一是准备阶段，二是调查分析阶段，三是评价阶段，四是成果汇总阶段，其具体的工作如下。

1. 准备阶段

（1）组织建设。成立领导小组和工作办公室，确定协作单位，邀请技术专家成立调查采样小组。

（2）制订调查方案。制订景宁畲族自治县耕地地力调查与评价实施方案。

（3）收集资料。收集相关文字、图片、图件、实物资料。

（4）技术培训。组织县、乡专业人员进行有关专业理论与操作规范培训。

（5）相关野外工作的工具用品采购。野外采土工具、用品、调查表格、办公用品等物资的采购、发放。

2. 调查分析阶段

（1）设置取样点。确定景宁畲族自治县取样点点数，依五原则具体设置取样点。

（2）调查与取样。GPS 定位取样点，填写调查表格各项内容。

（3）分析化验。依据操作规程确定分析项目。

3. 评价阶段

（1）建立基础数据库。建立空间数据库，建立属性数据库。

（2）建立评价体系。确立评价方法、评价指标、评价单元，组合权重计算。

（3）审核调查与分析数据。

（4）耕地地力评价。确定地力等级。

4. 成果汇总阶段

（1）编写工作报告。

（2）编写技术报告。

（3）编写专题报告。

（4）建立耕地质量管理信息系统。

（5）建立耕地质量提升技术信息系统。

（6）编制调查成果数据册及图件。

（7）审核验收及成果归档。

四、评价指标

1. 县域耕地地力评价指标选择的原则

（1）稳定性原则。以便使根据此指标评判的农用地等别在一段时期内稳定。

（2）主导性原则。所选农用地分等定级指标应是对农用地质量起主要影响的因素，而且指标之间相关程度小。在众多的土地特性中，有些性质起主导作用，其他土地性质因其变化而变化。必须选择那些主导因素，即自变量作为诊断指标，以免重复计算。

（3）生产性原则。野外诊断指标应选取那些影响农用地生产性能的土地性质。

（4）空间变异性原则。所选择的农用地分等定级野外诊断指标必须是在空间上有明显变化的性质。

（5）标准化原则。采用国家标准或行业标准，以便获取或利用已有的数据资料；如耕地分类根据《土地利用现状调查技术规程》，地形坡度按照《土壤侵蚀分类分级标准》，土壤盐化程度根据《全国第二次土壤普查盐渍土分级标准》。

（6）区域性原则。根据区域特点选取指标、指标分级、指标赋值、指标权重。景宁畲族自治县土地类型复杂，影响土地质量的因素各不相同。

（7）简单、易获取原则。所选指标应尽可能是野外可以鉴别的，或是可以从已有的土地资源调查成果资料或相关成果资料中提取的。

2. 耕地地力评价的指标体系

耕地地力评价指标体系包括 3 个方面内容：一是评价指标，

即从国家或省耕地地力评价因素中选取用于景宁畲族自治县的评价指标；二是评价指标的权重和组合权重；三是单指标的隶属度，即每一指标不同表现状态下的分值。根据景宁县耕地立地条件、土壤剖面性态、理化性状等特点，确定以下 16 个指标组成耕地地力评价指标体系：地貌类型、坡度、冬季地下水位、地表砾石度、土体剖面构型、耕层厚度、质地、容重、pH 值、阳离子交换量、水溶性盐总量、有机质、有效磷、速效钾、排涝抗旱能力及主要障碍因子等 16 项因子。

3. 确定评价单元及单元要素属性并赋值

耕地地力评价单元是指潜在生产能力近似且边界封闭具有一定空间范围的耕地。根据耕地地力评价技术规范的要求，此次耕地地力评价单元采用县级土壤图（到土种级）和土地利用现状图叠加，进行综合取舍和技术处理后形成不同的单元。用土壤图（土种）和土地利用现状图（含有行政界限）叠加产生的图斑作为耕地地力评价的基本单元，使评价单元空间界线及行政隶属关系明确，单元的位置容易实地确定，同时同一单元的地貌类型及土壤类型一致，利用方式及耕作方法基本相同。将建立的各类属性数据和空间数据按照"县域耕地资源管理信息系统"的要求导入。并建立空间数据库和属性数据库联接，建成县域耕地资源管理信息系统。根据空间位置关系将单因素图中的评价指标提取并赋值给评价单元，见表 2-4。

表 2-4　各评价指标及生产能力分值

（1）地貌类型

水网平原	滨海平原/河谷平原大畈/低丘大畈	河谷平原	低丘	高丘/山地
1.0	0.8	0.7	0.5	0.3

（2）坡度 （续表）

<3	3~6	6~10	10~15	15~25
1.0	0.8	0.7	0.4	0.1

（3）冬季地下水位（距地面 cm）

<20	20~50	50~80	80~100	>100
0.1	0.4	0.8	0.9	1.0

（4）地表砾石度（>1mm 占%）

≤10	10~25	>25
1	0.5	0.2

（5）坡面构型

水田	A-Ap-W-C	A-Ap-P-C A-Ap-Gw-G	A-Ap-C A-Ap-G
	1.0	0.7	0.3
旱地	A-[B]-C	A-[B]C-C	A-C
	1.0	0.5	0.1

（6）耕层厚度（cm）

≤8.0	8.0~12	12~16	16~20	>20
0.3	0.6	0.8	0.9	1.0

（7）质地

砂土	壤土	黏壤土	黏土
0.5	0.9	1.0	0.7

（8）容重（g/cm³）

0.9~1.1	≤0.9/1.1~1.3	>1.3
1.0	0.8	0.5

（9）pH 值 （续表）

≤4.5	4.5~5.5	5.5~6.5	6.5~7.5	7.5~8.5	>8.5
0.2	0.4	0.8	1.0	0.7	0.2

（10）阳离子交换量 ［cmol（＋）/kg］

5~10	10~15	15~20	>20
0.4	0.6	0.9	1.0

（11）水溶性盐总量（g/kg）

≤1	1~2	2~3	3~4
1.0	0.8	0.5	0.3

（12）有机质（g/kg）

≤10	10~20	20~30	30~40	>40
0.3	0.5	0.8	0.9	1.0

（13）有效磷（mg/kg）
Olsen 法

≤5	5~10	10~15	15~20/ >40	20~30	30~40
0.2	0.5	0.7	0.8	0.9	1.0

Bray 法

≤7	7~12	12~18	18~25/ >50	25~35	35~50
0.2	0.5	0.7	0.8	0.9	1.0

（14）速效钾（mg/kg）

≤50	50~80	80~100	100~150	>150
0.3	0.5	0.7	0.9	1.0

（15）排涝（抗旱）能力
排涝能力

（续表）

一日暴雨一日排出	一日暴雨二日排出	一日暴雨三日排出
1.0	0.6	0.2

抗旱能力			
>70 天	50~70 天	30~50 天	<30 天
1.0	0.8	0.4	0.2

（16）主要障碍因子

该指标作为地力评价的限制性指标，即若评价单元存在土体有障碍层或耕层中微量元素缺乏，或土壤污染等土壤障碍因子，影响农作物正常生长时，对其地力等级作降一个级别处理。

4. 指标权重

指标权重是指各项诊断指标对农用地质量影响的大小。权重越大，说明该性质对农用地质量的影响越大，权重越小，说明该性质对农用地质量的影响越小。从全国耕地地力评价因子总集66个因子中初步选取对当地比较重要的评价因子作为拟评因子，利用层次分析法（或专家打分法）确定单指标对耕地地力的权重。采用专家打分法确定各评价指标权重，总和为1.0；各评价指标对耕地生产能力的不同水平分值，最好的为1.0，最差的为0.1，见表2-5。

五、评价方法

1. 计算地力指数

采用线性加权法对所有评价指标数据进行隶属度计算，算出每一单元的耕地地力指数。计算公式为：

$$IFI = \sum (Fi \times wi) \cdots\cdots (3-1)$$

其中，Σ 为求和运算符；Fi 为单元第 i 个评价因素的分值，wi 为第 i 个评价因素的权重，也即该属性对耕地地力的贡献率。

2. 划分地力等级

应用等距法确定耕地地力综合指数分级方案，将耕地地力等级分为三等六级，见表 2-6。

表 2-5　耕地地力评价体系各指标权重

序号	指标	权重	序号	指标	权重
1	地貌类型	0.12	9	pH 值	0.06
2	坡度	0.05	10	阳离子交换量	0.08
3	剖面构型	0.05	11	水溶性盐总量	0.04
4	地表砾石度	0.06	12	有机质	0.07
5	冬季地下水位	0.05	13	有效磷（Bray 法）	0.05
6	耕层厚度	0.07	14	速效钾	0.06
7	耕层质地	0.10	15	排涝或抗旱能力	0.10
8	容重	0.04	16	主要障碍因子	降一个等级

表 2-6　耕地地力评价等级划分

地力等级		耕地综合地力指数（IFI）
一等	一级	≥0.90
	二级	0.90~0.80
二等	三级	0.80~0.70
	四级	0.70~0.60
三等	五级	0.60~0.50
	六级	<0.50

六、地力评价结果的验证

2008 年，景宁畲族自治县根据浙江省政府要求和省政府领导指示精神，曾组织开展了 3.88 万 hm² 标准农田的地力调查与分等定级、基础设施条件核查，明确了标准农田的数量和地力等级状况，掌握了标准农田质量和存在的问题。经实地详细核查，标准农田分等定级结果符合实际产量情况。在此基础上，从 2009 年起启动以吨粮生产能力为目标、以地力培育为重点的标准农田质量提升工程。

为了检验本次耕地地力的评价结果，我们采用经验法，以 2008 年标准农田分等定级成果为参考，借助 GIS 空间叠加分析功能，对本次耕地地力评价与 2008 年标准农田地域重叠部分的评价结果（分等定级类别）进行了吻合程度分析，结果表明，此次地力评价结果中属于标准农田区域的耕地其地力等级与标准农田分等定级结果吻合程度达 60%，由此可以推断本次耕地地力评价结果是合理的。

第三节 耕地资源管理信息系统与应用

耕地资源信息系统以景宁畲族自治县行政区域内耕地资源为管理对象，主要应用地理信息系统技术对辖区的地形、地貌、土壤、土地利用、农田水利、土壤污染、农业生产基本情况、基本农田保护区等资料进行统一管理，构建耕地资源基础信息系统，并将此数据平台与各类管理模型结合，对辖区内的耕地资源进行系统的动态的管理，为农业决策者、农民和农业技术人员提供耕地质量动态变化、土壤适宜性、施肥咨询、作物营养诊断等多方位的信息服务。

一、资料收集与整理

在调研的基础上广泛收集相关资料。同一类资料不同时间、不同来源、不同版本、不同介质都应收集，以便将来相互检查、相互补充、相互佐证。耕地地力评价需收集的资料包括耕地土壤属性资料、耕地土壤养分资料、农田水利资料、社会经济统计资料、基础专题图件资料、野外调查资料以及其他与评价有关的资料。

资料收集整理的基本程序：收集→登记→完整性检查→可靠性检查→筛选→分类→编码→整理→归档。

资料收集与整理上坚持 3 个原则：要严控资料的准确完整；要注意资料的前后连贯；要把握数据的新旧对比，见表 2-7。

表 2-7　收集资料

类型	名称	来源
基本图件	景宁畲族自治县 1∶10 000 土地利用现状图	景宁畲族自治县国土局
	景宁畲族自治县行政区划图	景宁畲族自治县县政府
	景宁畲族自治县统计年鉴	景宁畲族自治县统计局
土壤普查资料	景宁畲族自治县土壤图	丽水市土肥植保站
	景宁畲族自治县土壤取样点位分布图	丽水市土肥植保站
	景宁畲族自治县土壤农化结果报告册	丽水市土肥植保站
地力评价调查资料	景宁畲族自治县地力评价取样地块调查表	丽水市土肥植保站
	景宁畲族自治县地力评价取样点化验结果表	丽水市土肥植保站

二、空间数据库的建立

1. 图件整理

图件资料有地形图（比例尺 1：50 000 地形图）、第二次土壤普查成果图、最新土壤养分图、耕地地力调查点位图、基本农田保护区规划图、土地利用现状图、农田水利分区图、行政区划图、地貌类型分区图。对收集的图件进行筛选、整理、命名、编号。

2. 数据预处理

图形预处理是为简化数字化工作而按设计要求进行的图层要素整理与删选过程，预处理按照一定的数字化方法来确定，也是数字化工作的前期准备。

3. 空间数据库内容

耕地资源管理信息系统空间数据库包含的主要矢量图层见表 2-8。

表 2-8　耕地资源管理信息系统空间数据库主要图层

序号	图层名称	图层类型
1	景宁畲族自治县行政区划图	面（多边形）
2	景宁畲族自治县行政注记	点
3	景宁畲族自治县行政界线图	线
4	景宁畲族自治县地貌类型图	面（多边形）
5	景宁畲族自治县交通道路图	线
6	景宁畲族自治县水系分布图	面（多边形）
7	景宁畲族自治县 1：10 000 土地利用现状图	面（多边形）

（续表）

序号	图层名称	图层类型
8	景宁畲族自治县基本农田保护规划图	面（多边形）
9	景宁畲族自治县土壤图	面（多边形）
10	景宁畲族自治县耕地地力评价单元图	面（多边形）
11	景宁畲族自治县耕地地力评价成果图	面（多边形）
12	景宁畲族自治县耕地地力调查点位图	点
13	景宁畲族自治县测土配方施肥采样点位图	点
14	景宁畲族自治县第二次土壤普查点位图	点
15	景宁畲族自治县各类土壤养分图	面（多边形）

三、属性数据库的建立

1. 空间属性数据库结构定义

本次工作在满足《县域耕地资源管理信息系统数据字典》要求的基础上，根据浙江省实际加以适当补充，对空间属性信息数据结构进行了详细定义。表2-9至表2-12分别描述了土地利用现状要素、土壤类型要素、耕地地力调查取样点要素、耕地地力评价单元要素的数据结构定义。

表2-9　土地利用现状图要素属性结构

字段中文名	字段英文名	字段类型	字段长度	小数位	说明
目标标识码	FID	Int	10		系统自动产生
乡镇代码	XZDM	Char	9		
乡镇名称	XZMC	Char	20		
权属代码	QSDM	Char	12		指行政村

（续表）

字段中文名	字段英文名	字段类型	字段长度	小数位	说明
权属名称	QSMC	Char	20		指行政村
权属性质	QSXZ	Char	3		
地类代码	DLDM	Char	5	0	
地类名称	DLMC	Char	20	0	
毛面积	MMJ	Float	10	1	单位：m²
净面积	JMJ	Float	10	1	单位：m²

表2-10 土壤类型图要素属性结构

字段中文名	字段英文名	字段类型	字段长度	小数位	说明
目标标识码	FID	Int	10		系统自动产生
县土种代码	XTZ	Char	10		
县土种名称	XTZ	Char	20		
县土属名称	XTS	Char	20		
县亚类名称	XYL	Char	20		
县土类名称	XTL	Char	20		
省土种名称	STZ	Char	20		
省土属名称	STS	Char	20		
省亚类名称	SYL	Float	20		
省土类名称	STL	Float	20		
面积	MJ	Float	10	1	
备注	BZ	Char	20		

表2-11 耕地地力调查取样点位图要素属性结构

字段中文名	字段英文名	字段类型	字段长度	小数位	说明
目标标识码	FID	Int	10		系统自动产生
统一编号	CODE	Char	19		
采样地点	ADDR	Char	20		
东经	EL	Char	16		
北纬	NB	Char	16		
采样日期	DATE	Date			
地貌类型	DMLX	Char	20		
地形坡度	DXPD	Float	4	1	
地表砾石度	LSD	Float	4	1	
成土母质	CTMZ	Char	16		
耕层质地	GCZD	Char	12		
耕层厚度	GCHD	Int			
剖面构型	PMGX	Char	12	1	
排涝能力	PLNL	Char	20		
抗旱能力	KHNL	Char	20		
地下水位	DXSW	Int	4		
CEC	CEC	Float	8	1	
容重	BD	Float	8	2	
水溶性盐总量	QYL	Float	8	2	
pH 值	pH	Float	8	1	
有机质	OM	Float	8	2	
有效磷	AP	Float	8	2	
速效钾	AK	Float	8	2	

表 2-12 耕地地力评价单元图要素属性结构

字段中文名	字段英文名	字段类型	字段长度	小数位	说明
目标标识码	FID	Int	10		系统自动产生
单元编号	CODE	Char	19		
乡镇代码	XZDM	Char	9		
乡镇名称	XZMC	Char	20		
权属代码	QSDM	Char	12		
权属名称	QSMC	Char	20		
地类代码	DLDM	Char	5	0	
地类名称	DLMC	Char	20	0	
毛面积	MMJ	Float	10	1	单位：m^2
净面积	JMJ	Float	10	1	单位：m^2
县土种代码	XTZ	Char	10		
县土种名称	XTZ	Char	20		
地貌类型	DMLX	Char	20		
地形坡度	DXPD	Float	4	1	
地表砾石度	LSD	Float	4	1	
耕层质地	GCZD	Char	12		
耕层厚度	GCHD	Int			
剖面构型	PMGX	Char	12		
排涝能力	PLNL	Char	20		
抗旱能力	KHNL	Char	20		
地下水位	DXSW	Int			
CEC	CEC	Float	8	2	
容重	BD	Float	8	2	
水溶性盐	QYL	Float	8	2	

（续表）

字段中文名	字段英文名	字段类型	字段长度	小数位	说明
pH 值	pH	Float	3	1	
有机质	OM	Float	8	2	
有效磷	AP	Float	8	2	
速效钾	AK	Float	8	2	
障碍因子	ZA	Char	20		
地力指数	DLZS	Float	6	3	
地力等级	DLDJ	Int	1		

2. 空间数据与属性数据的入库

空间属性数据库的建立与入库可独立于空间数据库和地理信息系统，可以在 Excel、Access、FoxPro 下建立，最终通过 ArcGIS 的 Join 工具实现数据关联。具体为：在数字化过程中建立每个图形单元的标识码，同时在 Excel 中整理好每个图形单元的属性数据，接着将此图形单元的属性数据转化成用关系数据库软件 FoxPro 的格式，最后利用标识码字段，将属性数据与空间数据在 ArcMap 中通过 Join 命令操作，这样就完成了空间数据库与属性数据库的联接，形成统一的数据库，也可以在 ArcMap 中直接进行属性定义和属性录入。最后均导入到景宁畲族自治县耕地资源管理信息系统中以建立基础空间数据库。通过空间数据文件与属性数据文件同名字段实现空间数据库与属性数据库的连接并可进行空间数据库与属性数据库的实时更新。

四、确定评价单元及单元要素属性

1. 确定评价单元

由于本次工作采用的基础图件——土地利用现状图比例尺

足够大，能够满足单元内部属性基本一致的要求，如土壤类型的一致性。因此，从 1：10 000 土地利用现状图上提取耕地部分，形成耕地地力评价单元图，基本评价单元图上共有 655 个，这样更方便与国土部门数据的衔接管理。

2. 单元因素属性赋值

耕地地力评价单元图除了从土地利用现状单元继承的属性外，对于参与耕地地力评价的因素属性及土壤类型等必须根据不同情况通过不同方法进行赋值。

（1）空间叠加方式。对于地貌类型、排涝抗旱能力等较大区域连片分布的描述型因素属性，可以先手工描绘出相应的底图，然后数字化建立各专题图层，如地貌分区图、抗旱能力分区图等，再把耕地地力评价单元图与其进行空间叠加分析，从而为评价单元赋值。同样方法，从土壤类型图上提取评价单元的土壤信息。

（2）以点代面方式。对于剖面构型、质地等一般描述型属性，根据调查点分布图，利用以点代面的方法给评价单元赋值。当单元内含有一个调查点时，直接根据调查点属性值赋值；当单元内不包含调查点时，一般以土壤类型作为限制条件，根据相同土壤类型中距离最近的调查点属性值赋值；当单元内包含多个调查点时，需要对点作一致性分析后再赋值。

五、耕地资源管理系统建立与应用

结合县域耕地资源管理需要，基于 GIS 组件开发了耕地资源信息系统，除基本的数据入库、数据编辑、专题图制作外，主要包括取样点上图、化验数据分析、耕地地力评价、成果统计报表输出、作物配方施肥等专业功能。利用该系统开展了耕地地力评价、土壤养分状况评价、耕地地力评价成果统计分析及成果专题图件制作。在此基础上，利用大量的田间试验分析结果，优化作物测土配方施肥模型参数，形成本地化的作物配方施肥模型，指导农民科学施肥。

为了更好地发挥耕地地力评价成果的作用，更便捷地向公众提供耕地资源与科学施肥信息服务，我们开发了网络版耕地地力管理与配方施肥信息系统，只需要普通浏览器就可访问。该系统主要对外发布耕地资源分布、土壤养分状况、地力等级状况、耕地地力评价调查点与测土配方施肥调查点有关土壤元素化验信息，以及主要农业产业布局，重点是开展本地主要农作物的科学施肥咨询。

依托技术协作单位开发的景宁畲族自治县耕地地力管理与配方施肥信息系统，实现了区域耕地资源管理信息系统的数据共享，建立了县级1：50 000和乡镇级1：10 000两种比例尺的耕地地力评价数据库，实现了耕地资源、土壤养分信息的高效有序管理，其中，乡镇级1：10 000比例尺的耕地地力评价系统实用性更强。

第三章　耕地立地条件与农田基础设施

第一节　耕地土壤

一、成土母岩和母质

1. 母岩

景宁畲族自治县属华亚古陆的一部分，广泛分布着中生界的火山岩，出露地表与土壤形成发育直接有关的岩石有以下类型：

火山喷出岩：主要是上侏罗系的火山岩，代表岩石有紫色、灰色的晶屑、玻屑凝灰岩，流纹岩和安山玢岩等。面积 239.50 万 hm^2，占 81.8%，是景宁畲族自治县主要成土母岩。此类岩石一般岩性坚硬致密，抗风化能力强。所形成的山体高大陡峭，沟深谷狭。

侵入岩：景宁畲族自治县侵入岩的范围以景宁至东坑岩体为首，次为英川、渤海等。面积达 43.00 万 hm^2，占 14.8%。多为燕山晚期所侵入的酸性至中酸性花岗岩类，主要有粗晶花岗岩，二长花岗岩等。该类岩石的风化以物理性崩解为主，其风化层粗松，较深厚，易受侵蚀。

白垩系沉积岩：全县分布很少，面积 4.45 万 hm^2，占 1.52%。主要分布在红星街道的绿草以北，有紫红色砂岩、砂砾岩等，岩性疏松，风化物结持性差。

变质岩类：为前泥盆系变质岩，主要岩石为片麻岩、混合岩等，面积5.60万 hm²，占1.91%。在渤海村溪南岸，鹤溪街道的包山、滩岭、赦木山等地有出露。

2. 母质

在景宁畲族自治县的土壤母质，除山体顶部有岩石就地风化形成的残积物外，通常经一定的搬运，形成以坡积、洪积、冲击为主的母质。

坡（再）积物：是全县自然土壤的主要成土母质类型，其土壤的性状与母岩特性关系密切，如凝灰岩类风化物坡积的土壤，质地较均细，持水性较好，适宜粗深根系的树木生长。而花岗岩类风化物坡积的土壤，土体砂性强，易受侵蚀，水土流失严重。

洪积物：分布于山谷溪流沿岸及谷口洪积扇上。景宁畲族自治县由这类母质覆盖的面积少而零星，形成的水稻土，土层较浅薄，砂砾性明显，土体通透性好，漏肥漏水。

冲积物：主要分布在溪流两岸，由于溪流宽窄、比降不同，所形成的冲积物有别，在溪流中下游（红星街道外舍以下）开阔处，冲积物分选性较好，质地较均细，保水保肥性较好，但土层厚薄不一。河流上游冲积物特征明显。

二、立地条件

景宁畲族自治县属浙南山区，四周群山环抱，峻岭连绵。主要山脉是从福建伸入浙江省南支洞官山系。整个地势有"两山夹一沟"之称，大致由西南向东北倾斜。境内有1 000m以上的高峰694座，最低处为东部九龙乡岳口村海拔170m，最高峰在南部景南乡与大际乡交界的"上山头"海拔1 689.1m。其次，景南乡的"山蝉尖"海拔1 636.7m，英川镇的"马头山"海拔1 610.8m。由于景宁畲族自治县海拔高差悬殊，地形呈高低起伏交替分布，受地形约束所产生的生物气候垂直差异，构成了土壤发生发育的不同环境，从而形成了不同类型的土壤。

根据景宁畲族自治县地形特点，大体上可划分为4种地貌类型。

1. 溪谷

指沿溪两岸的红星、鹤溪、渤海、大均等地带，海拔在250m以下，面积12.79万hm²，占景宁畲族自治县总面积的4.4%，其中，耕地面积1.34万hm²，占景宁畲族自治县耕地面积的7.3%。地形相对较开阔，地势较平缓，成土母质以溪流所形成的冲洪积物为主。热量充足，是景宁畲族自治县主要的多熟制农区。

2. 丘陵

指海拔在250~500m的如英川、鸬鹚、鹤溪、澄照等，面积为60.21万hm²，占景宁畲族自治县总面积的20.6%，其中，耕地3.87万hm²，占耕地总面积的21.1%。成土母岩以花岗岩为主，土壤酸性强，含多量石英砂、长石碎屑，土壤类型主要为砂黏质红土，黄泥砂土和白砂田、黄泥砂田等，大部分平缓坡地已发展为茶园，惠明茶就产于此。农田多系山垄田，光热条件一般，为双季稻和单季稻混栽区。

3. 低山

海拔在500~800m，面积101.05万hm²，占景宁畲族自治县总面积的34.5%，其中，耕地7.76万hm²，占耕地总面积的42.4%。成土母岩以凝灰岩为主，土壤为红壤与黄壤间的过渡类型，山（旱）地以黄泥土为主，水田主要为黄泥田。随着海拔渐次升高，生物气候的垂直变化，海拔 750m 左右为本县黄壤分布下限，是林业过渡层。

4. 中山

海拔在 800m 以上，面积 118.45 万 hm^2，占总面积的 40.5%。其中，耕地 5.33 万 hm^2，占耕地总面积的 29.2%。具有山高面积大，气候温凉，雨量多，湿度高的特点，是景宁畲族自治县黄壤分布区，主要经营林业；农田分布于 1 000m 左右的平台内，如大漈垟、忠溪垟，上标垟等，山高水冷。

三、耕地类型

景宁畲族自治县拥有耕地面积 11.28 万 hm^2，其中，水田面积 9.16 万 hm^2，旱地面积 2.12 万 hm^2；林地面积 235.20 万 hm^2；园地面积 8.40 万 hm^2；其他农用地面积 7.88 万 hm^2。

第二节　农田基础设施

一、大、中型农业水利工程

1. 蓄水工程

1955 年 12 月，景宁畲族自治县建成蓄水 2 500m^3 的天竹岙水塘。至今景宁畲族自治县拥有小二型以上水库 43 座，山塘 208 处，堰渠总长 1 569.81km；其中，中型、小（一）型水库共 12 座，蓄水量 8 448.1万 m^3。

（1）上标水库（中型水库）。上标水库位于景宁畲族自治县景南乡上标村，海拔991.6m，系中央、省投资与景宁畲族自治县合建，库区集雨面积30.1km²，多年平均降水量1 948mm。1989年2月28日截流蓄水，总蓄水量2 159万m³，正常库容1 763万m³。大坝为非溢流式变圆心复半径双曲混凝土拱坝，坝高50.7m，顶宽4m，底宽9m。副坝采用黏壤、砂黏土均质土坝。上游坝坡1∶2.05，下游坝坡1∶2，坝面以干砌块石护坡，顶设1.2m高浆砌块石防浪墙，库区水面1 200hm²。库下建成上标电站，尾水可建四级电站，改善下游灌溉区农田400多亩。并调节标溪港洪水、枯水期流量，有利水运和减轻沿溪两岸旱洪灾害。

（2）蒲洋水库［小（一）型水库］。蒲洋水库位于景宁畲族自治县南30km，海拔1 519.1m的救木山南坡，集雨面积2.1km²。库基海拔1 040m，坝顶高25m，底宽129m，为黏土心墙型。浆砌块石防浪墙0.95m，蓄水量57万m³。配套渠道5条、支渠36条，总长15.5km。

（3）白水漈水库［小（二）型水库］。白水漈水库位于景宁畲族自治县鹤溪上游张春乡东南面，海拔1 200m，集雨面积1.17km²。库容37万m³。坝高38m。

（4）企岩水库［小（二）型水库］。企岩水库位于景宁畲族自治县隆川乡南面，海拔1 200m，1959年冬开工，1962年建成。投工1.89万个，建筑土石方1.4万m³，资金2.3万元。总库容10.5万m³，库区水面26亩。配套渠道2 456m。灌溉凤垟、张坑两村农田220亩。

2. 引水工程

景宁畲族自治县拥有堰坝渠道总长1 569.81km，灌溉面积

10.29 万 hm²。

（1）东山渠道。东山渠道位于景宁畲族自治县雁溪乡东山村。1957 年秋动工，1959 年建成。资金 8 万多元，渠长 3 500m，穿越悬崖陡壁 150m，灌田 450hm²，配套新建 30kw 水电站 1 座，为 20 世纪 50 年代经济效益最佳渠道之一。

（2）小左渠道。小左渠道地处景宁畲族自治县大漈乡小左村，经麻狸壁、金鸡吊、贼岩下、石亭、石柱等 12 处怪石悬崖。1964—1967 年投工 1.7 万，开挖土石方 2.6 万 m³。沿山开挖渠道 7 500m，灌溉农田 290hm²，誉为"银渠金谷"。

（3）北山渠道。北山渠道位于景宁畲族自治县东坑镇北山村。1976 年动工，打通木杓湾、竹儿岗、入门湾等悬岩，1980 年竣工，建成神坑渠、雷洞库、门前峰 3 条渠道，总长 14 350m，总投工 4.6 万元，投资 6.1 万元（自筹 4.4 万元）。开挖土石 2 万多 m³，灌溉农田 364hm²。

（4）灌区改造工程。景宁畲族自治县原有渠系工程大多建于 20 世纪 60—70 年代，受当时社会的经济技术条件限制，建设工程标准低；经过几十年运行，渠道工程老化，渠道淤积、混凝土破损、水量渗漏严重，渠系水利用系数、灌溉水利用系数、灌溉保证率等比较低。近年来，景宁畲族自治县根据实际进行了灌区工程改造，完成了星海灌区、沙溪灌区、东景澄灌区、鸬英灌区、郑歧灌区、大洋灌区、鹤桐灌区、雁大灌区等改造工程，新建改建灌渠 200km 以上，新建拦蓄池 60 余座。灌区渠系及渠系建筑物布置按照"灌得进，排得出"的要求布置灌区的渠系工程，农田的灌溉保证率提高到 80% 左右，排涝标准达 5 年一遇。

二、农业现代化状况

1. 农业机械化程度不断提高

农业机械化是农业现代化的物质基础、重要内容和主要标志。农业机械化的发展，对稳固农业基础、推动农业科技进步、提高农业劳动生产率、推进农村劳动力转移、促进农业增效和农民增收起着重要作用。加快发展农业机械化，是统筹城乡发展、建设现代农业、推进社会主义新农村建设的必然选择，是提高农业综合生产能力、保障粮食安全的重要措施，是广大农民的迫切要求。近年来，景宁畲族自治县在发展农业机械化，积极创新服务和管理机制等方面取得了很大成效。

由于食用菌生产劳动力投入大、手工环节多，以往都是以农户为单位，分散经营，效率低、成本高。2012年在县政府政策支持下，景宁畲族自治县农业局食用菌办和农机管理站在东坑镇茗源等地建立丽水市食用菌机械化示范基地，配置了微电脑多功能装袋机。新型设备集加水、拌料、装袋一体化，同时可以安装3袋棒，每小时可以生产3 000袋棒，1台机械能够完成1 000户菌农经营量，菌农可以采用"领养式"种植经营，大大减少了劳动力投入，实现了"省工、增效、增收"三赢。目前，浙江省景宁畲族自治县共新增茶园修剪、采茶、耕作机等316台，茶叶加工杀青、揉捻、烘干、提香、扁茶机等配套设施1 282台。为提供茶叶机械的使用技术和延长寿命，农技人员积极开展跟踪检查，做好机械保养的培训和修理服务。

2. 设施农业建设开始加快

2010年10月，景宁畲族自治县英川食用百合精品园通过了浙江省农业厅委托丽水市农业局组织的专家组验收。2010年9

月，英川镇食用百合精品园被列入省级特色农业精品园创建点。该项目总投资 158 万元，规划面积 1 000hm²。通过一年多的创建，现已建成集中连片的 8m 钢管大棚 40 亩（15 亩 = 1hm²。全书同），园内沟、渠、路和百合采收处理加工保鲜场所等基础设施配套齐全，农业现代化水平较高，农产品运输通畅便利。各方面的条件较好，为加快食用百合的发展奠定了良好的基础。

3. 现代农业园区和粮食生产功能区建设正在开展

按照主导产业规划和"两区"建设的要求，搞好冬种生产布局，重点做好"三个"结合：一是与"两区"建设相结合。冬季是粮食生产功能区建设的有利时机，各地要按照年度建设计划，尽快开展农田基础设施建设与完善工作，加强地力培肥，全面完成 2015 年景宁畲族自治县 3 400hm² 粮食生产功能区建设任务。要着力把粮食生产功能区建设成为冬种生产的示范带动区，大力推广大（小）麦—单季稻、油菜—单季稻和绿肥—单季稻等种植模式，提高复种指数，提高土地利用率和产出率。现代农业园区冬种布局上要优先选择优势强、效益好的特色作物，逐步扩大种植规模，把产业优势转变成商品优势，提高农产品的市场占有率。二是与新型农作制度示范应用相结合。在稳定发展春粮、油菜的基础上，积极推广高产高效生态循环的种植模式，因地制宜示范应用菜—稻、大棚蔬菜—稻、大棚瓜果—稻、菇—稻、烟—稻轮作等种植模式，提高冬种生产效益。三是与标准农田质量提升和土壤有机质提升项目实施相结合。冬季是耕地地力建设的重要季节，种植冬绿肥是提高土壤有机质、培肥地力的重要措施。各地要把冬种生产作为耕地地力建设的重要内容，进一步提高对绿肥生产的认识，积极开展油菜作绿肥及肥饲（食）兼用型绿肥种植示范，努力扩大绿肥种植面积，把培肥地力工作落到实处。

第四章　耕地土壤属性

第一节　施肥状况

随着化肥工业的发展，化肥的品种和数量大幅度地增加，成为各种作物增产的一项重要措施。

1991—1994年，景宁畲族自治县化肥施用量按实物量统计，1991年施用化肥总量9 549t，其中，氮肥4 976t，磷肥2 894t，钾肥657t，复合肥1 022t；1992年施用化肥总量7 376t，其中，氮肥3 507t，磷肥2 461t，钾肥435t，复合肥973t；1993年施用化肥总量11 868t，其中，氮肥7 996t，磷肥2 623t，钾肥374t，复合肥875t；1994年施用化肥总量8 686t，其中，氮肥4 113t，磷肥2 841t，钾肥244t，复合肥1 488t。

2010—2012年，2010年景宁畲族自治县化肥施用量按实物量统计，合计为8 237t，其中，氮肥1 970t，磷肥2 230t，钾肥57t，复合肥3 700t；2011年景宁畲族自治县施用化肥按实物量统计，合计为8 360t，其中，氮肥2 000t，磷肥2 335t，钾肥50t，复合肥3 725t；2012年景宁畲族自治县施用化肥按实物量统计，合计为8 490t，其中，氮肥1 980t，磷肥2 440t，钾肥45t，复合肥3 790t。

第二节　土壤有机质状况

土壤有机质包括动、植物死亡以后遗留在土壤里的残体、施入的有机肥料以及经过微生物作用所形成的腐殖质，是土壤养分和土壤质量的主要指标。对土壤结构、容重、耕性有重要影响，是土壤养分的潜在来源，对土壤保肥性和供肥性也有很大的作用。统计表明，景宁畲族自治县土壤耕层有机质含量平均值为29.61g/kg，变化幅度在1.8～92.7g/kg，属于中等水平。耕地土壤有机质含量等级及占有面积，见表4-1。耕地土壤有机质含量主要在20～40g/kg。其中，土壤有机质含量在40g/kg以上的耕地及园地面积为9 817hm²，占比4.99%；土壤有机质含量在30～40g/kg的耕地土壤面积为62 540hm²，占比31.78%；土壤有机质含量在20～30g/kg的耕地土壤面积为9 195hm²，占比58.53%；土壤有机质含量在10～20g/kg的耕地土壤面积为115 195hm²，占比4.67%；土壤有机质含量在10g/kg以下的耕地土壤面积为58hm²，占比0.03%。

表4-1　耕地土壤有机质含量情况

编号	有机质含量（g/kg）	耕地及园地面积（亩）	占百分比（%）	备注
1	>40	9 817	4.99	
2	30～40	62 540	31.78	
3	20～30	115 195	58.53	
4	10～20	9 195	4.67	
5	≤10	58	0.03	
	合计	196 805	100	

景宁畲族自治县各类土壤有机质平均含量差异明显。在各类土壤类型中,土壤有机质最高的是中山壤土,平均含量达到80g/kg以上;土壤有机质最低的是低山壤土,平均含量仅为5.6g/kg。

土壤有机质与地貌类型关系相当密切。不论是山地土壤或者是水稻土,不同地貌类型土壤有机质含量之间均有较大差异。其中,以中山地貌类型的土壤有机质最高,以盆地、丘陵地貌类型的土壤有机质次之,以高丘地貌类型的土壤有机质再次之,以低山地貌类型的土壤有机质最低。

不同土类的平均有机质由高到低依次为黄壤(31.60g/kg)>水稻土(29.87g/kg)>红壤(27.57g/kg)>潮土(26.47g/kg)。

第三节 土壤大量元素状况

一、土壤碱解氮

氮素在土壤中主要以有机态存在,土壤中的无机氮主要是铵盐、硝酸盐和极少量的亚硝酸盐,它们容易被作物吸收利用,一般只占全氮量的1%~2%。水解性氮(碱解氮)包括无机态氮和一部分有机态氮中易分解的氨基酸、酰胺和易水解的蛋白质,代表土壤有效性氮素,是土壤养分和土壤质量的最主要指标之一。

景宁畲族自治县土壤耕层碱解氮含量平均值为121.34g/kg,变化幅度在 17. 37 ~ 283. 70g/kg，属于极高水平，见表 4 -2。

表 4 -2　耕地土壤碱解氮含量情况

编号	碱解氮含量（g/kg）	耕地及园地面积（亩）	占百分比（%）	备注
1	≤50	4 630	2. 4	
2	50 ~ 100	22 252	11. 3	
3	100 ~ 150	151 804	77. 1	
4	150 ~ 200	16 210	8. 2	
5	200 ~ 250	1 638	0. 8	
6	250 ~ 300	271	0. 1	
	合计	196 805	100	

　　景宁畲族自治县土壤的表层有机质含量与碱解氮含量之间普遍存在显著的正相关关系，因此景宁畲族自治县土壤碱解氮含量分布趋势与有机质含量分布趋势一致。有机质含量高的土壤类型，碱解氮含量较高。

　　不同的土类的平均土壤碱解氮由高到低依次为黄壤（130. 61g/kg）＞水稻土（122. 66g/kg）＞红壤（119. 76g/kg）＞潮土（111. 69g/kg）。

二、土壤有效磷（Bray 法）

　　有效磷是土壤养分和土壤质量的最主要指标之一。土壤中有效磷包括水溶性磷〔如 $Ca(H_2PO_4)_2$ 等〕和弱酸溶性磷（如 $CaHPO_4$ 等），是可以被作物直接吸收利用的。

　　景宁畲族自治县土壤耕层有效磷含量平均值为 54. 31mg/kg，变化幅度在 0. 1 ~ 369mg/kg，属于极高水平，见表 4 -3。

表4-3 耕地土壤有效磷含量情况

编号	有效磷含量（mg/kg）	耕地及园地面积（亩）	占百分比（%）	备注
1	>50	77 683	39.5	
2	35~50	40 776	20.7	
3	25~35	34 339	17.5	
4	18~25	21 498	10.9	
5	12~18	11 235	5.7	
6	7~12	7 303	3.7	
7	≤7	3 971	2.0	
	合计	196 805	100	

实践表明，连续大量施用磷肥，能迅速提高土壤中的有效磷含量。因为磷素容易被土壤固定，在土体内移动很小，不易流失。经常施用磷肥，肥料中的部分磷素会因土壤固定和吸附作用而在土壤中逐渐积累，以致大多数水稻田的全磷和有效磷含量显著高于同一母质的山地土壤。

不同土类的平均土壤有效磷由高到低依次为黄壤（58.15mg/kg）>潮土（58.04mg/kg）>红壤（53.15mg/kg）>水稻土（51.77mg/kg）。

三、土壤速效钾

土壤速效钾是指水溶性钾和黏土矿物晶体外表面吸持的交换性钾，这一部分钾素植物可以直接吸收利用，对植物生长及其品质起着重要作用。其含量水平不仅反映土壤的供钾能力和程度，而且在一定程度上是土壤质量的主要指标之一。

景宁畲族自治县土壤耕层速效钾含量平均值为101.23mg/kg，

变化幅度在 8.0~451.0mg/kg 之间，属于较高水平，表 4-4。

表 4-4　耕地土壤速效钾含量情况

编号	速效钾含量（mg/kg）	耕地及园地面积（亩）	占百分比（%）	备注
1	>150	17 932	9.1	
2	100~150	72 693	36.9	
3	80~100	52 965	26.9	
4	50~80	47 207	24.0	
5	≤50	6 008	3.1	
	合计	196 805	100	

土壤速效钾大部分来自于母质。母质类型对于土壤速效钾含量高低有较大影响。本区提供土壤速效钾能力最强的母质是紫红色砂岩、上侏罗系火山岩，其次是花岗岩、凝灰岩、流纹岩。

不同土类的平均土壤速效钾由高到低依次为红壤（98.78mg/kg）＞黄壤（98.65mg/kg）＞水稻土（98.63mg/kg）＞潮土（86.13mg/kg）。

第四节　微量元素状况

一、土壤有效铁

景宁畲族自治县土壤有效铁的含量在 0.0~64.5mg/kg，平均 27.1mg/kg，为较高水平。有效铁含量 < 4.5mg/kg，占总数的 3.48%；有效铁含量在 4.5 ~ 20mg/kg，占总数的 19.77%；有效铁含量 > 20mg/kg，占总数的 76.75%。除钙质紫色土、红砂土等个别土种的有效铁含量在临界值（4.5mg/kg）以下，其他土种的有效铁含量均极为丰富，不存在作物缺铁的问题，表 4 - 5。

表 4 - 5　耕地土壤有效铁含量情况

编号	有效铁含量（mg/kg）	耕地及园地面积（亩）	占百分比（%）	备注
1	> 20	152 890	77.69	
2	4.5 ~ 20	36 857	18.73	
3	< 4.5	7 058	3.58	
	合计	196 805	100	

二、土壤有效锰

景宁畲族自治县土壤有效锰的含量在 0.1 ~ 44.4mg/kg，平均 13.1mg/kg，属高水平。有效锰含量 < 5mg/kg，占总数的 12.42%；有效锰含量在 5 ~ 15mg/kg，占总数的 44.45%；有效锰含量在 15 ~ 30mg/kg，占总数的 41.60%；有效锰含量 > 30mg/kg，占总数的 1.54%。其中，低于临界值（5.0mg/kg）在红泥土、红砂土、砂黏质红土等土种的个别样品，其他土种有效锰含量均在中等以上，一般不存在作物缺锰的问题，表 4 - 6。

表4-6　耕地土壤有效锰含量情况

编号	有效锰含量（mg/kg）	耕地及园地面积（亩）	占百分比（%）	备注
1	>30	2 838	1.44	
2	15~30	8 6281	43.85	
3	5~15	84 142	42.75	
4	<5	23 544	11.96	
	合计	196 805	100	

三、土壤有效铜

景宁畲族自治县土壤有效铜的含量在$0.00~9.26$mg/kg，平均0.91mg/kg，属高水平。有效铜含量<0.2mg/kg，占总数的5.54%；有效铜含量在$0.2~1.0$mg/kg，占总数的61.93%；有效铜含量在$1.0~1.8$mg/kg，占总数的26.75%；有效铜含量>1.8mg/kg，占总数的5.79%。其中，有效铜的含量低于临界值（0.2mg/kg）的土样占总样本数的5.54%，大多集中在红砂土、石砂土、紫砂土的部分样品中，其他土种有效铜含量均在中等以上，故一般不存在作物缺铜的问题，表4-7。

表4-7　耕地土壤有效铜含量情况

编号	有效铜含量（mg/kg）	耕地及园地面积（亩）	占百分比（%）	备注
1	>1.8	10 678	5.43	
2	1.0~1.8	54 978	27.93	
3	0.2~1.0	120 937	61.45	
4	<0.2	10 212	5.19	
	合计	196 805	100	

四、土壤有效锌

景宁畲族自治县土壤有效锌的含量在 0.16 ~ 8.33mg/kg，平均 2.60mg/kg，属高水平。土壤有效锌含量 < 0.5mg/kg，占总数的 2.84%；有效锌含量在 0.5 ~ 1.0mg/kg，占总数的 8.75%；有效锌含量在 1.0 ~ 3.0mg/kg，占总数的 55.20%；有效锌含量 > 3.0mg/kg，占总数的 33.39%。但由于各个土种有效锌含量高低相差很大，缺锌土壤仍占有一定比例。土壤有效锌含量和土壤母质类型有密切关系，以中基性火山岩、河流冲积物发育的土壤有效锌含量较高，以花岗岩、凝灰岩、流纹岩及红砂岩发育的土壤有效锌含量较低，并可能出现缺锌现象，表 4 - 8。

表 4 - 8　耕地土壤有效锌含量情况

编号	有效锌含量（mg/kg）	耕地及园地面积（亩）	占百分比（%）	备注
1	> 3.0	61 573	31.29	
2	1.0 ~ 3.0	111 883	56.85	
3	0.5 ~ 1.0	18 113	9.20	
4	< 0.5	5 236	2.66	
	合计	196 805	100	

第五节　土壤物理化学性质

一、土壤酸碱度（pH 值）

土壤酸碱度是土壤形成过程综合因子作用的结果，使土壤的很多化学性质特别是盐基状况的综合反映，它对土壤的一系列肥力性质有深刻影响，在土壤分类依据中也占重要的地位。

景宁畲族自治县土壤耕层 pH 值为 4.1~8.2。红泥土、红黏土、粉红泥土、砂黏质红土、黄泥土的土种 pH 值在 5.5 以下；部分石砂土的 pH 值在 8.2；其他土种 pH 值为 5.5~6.5，表 4-9。

表 4-9 耕地土壤 pH 值

编号	pH 值	耕地及园地面积（亩）	占百分比（%）	备注
1	>8.5	0	0.00	
2	7.5~8.5	32	0.02	
3	6.5~7.5	149	0.08	
4	5.5~6.5	6 943	3.53	
5	4.5~5.5	185 553	94.27	
6	≤4.5	4 128	2.10	
	合计	196 805	100	

不同土类的平均 pH 值由高到低依次为黄壤（6.15）>水稻土（6.10）>红壤（5.5）>潮土（5.0）。

二、土壤阳离子交换量

土壤阳离子交换量是土壤保肥供肥能力的重要标志之一。阳离子交换量大小与土壤质地、有机质含量关系密切。

景宁畲族自治县土壤阳离子交换量的含量在 4.6~15.4cmol（+）/kg，平均 8.08cmol（+）/kg，属中等偏低水平，表 4-10。

表4-10 耕地土壤阳离子交换量

编号	阳离子交换量 cmol(+)/kg	耕地及园地面积(亩)	占百分比(%)	备注
1	15～20	0	0.0	
2	10～15	3 202	1.6	
3	5～10	193 603	98.4	
4	≤5	0	0.0	
	合计	196 805	100	

从地域来看,中部河谷平原的土壤阳离子交换量高于北部、南部的高丘低丘;从土壤类型来看,水田土壤的土壤阳离子交换量高于旱地土壤;从土壤质地来看,质地黏重的土壤阳离子交换量就大,质地疏松就小;从有机质含量来看,有机质含量高的土壤阳离子交换量就大,反之就小。

不同土类的平均阳离子交换量由高到低依次为黄壤[8.11cmol(+)/kg]＞水稻土[8.09cmol(+)/kg]＞潮土[7.99cmol(+)/kg]＞红壤[7.93cmol(+)/kg]。

三、土壤容重

土壤容重可以作为土壤的肥力指标之一。土壤容重大小决定于土壤质地、土壤结构、土壤有机质含量和灌溉耕作措施等,因此,土壤容重随耕作、灌溉和施肥等农业措施的不同而经常变化。

景宁畲族自治县耕地土壤容重变化幅度在 0.79～1.54g/cm^3,平均值为1.10g/cm^3,表4-11。

表4-11 耕地土壤容重

编号	土壤容重（g/cm³）	耕地及园地面积（亩）	占百分比（%）	备注
1	>1.3	1 099	0.6	
2	1.1~1.3	67 440	34.2	
3	0.9~1.1	127 468	64.8	
4	≤0.9	798	0.4	
	合计	196 805	100	

不同土类的平均容重由高到低依次为黄壤、红壤、水稻土（$1.09g/cm^3$）>潮土（$1.07g/cm^3$）。

第六节 其他性状

一、耕层厚度

耕层厚度，是农作物生长的重要基础。

景宁畲族自治县耕地耕层厚度变化幅度在12~35cm，平均值为20.8cm，表4-12。

表4-12 耕地土壤耕层厚度

编号	耕层厚度（cm）	耕地及园地面积（亩）	占百分比（%）	备注
1	>20	97 874	49.7	
2	16~20	94 439	48.0	
3	12~16	4 492	2.3	
4	8~12	0	0.0	
5	≤8	0	0.0	
	合计	196 805	100	

不同土类的平均耕层厚度由高到低依次为红壤（20.76cm）＞黄壤（20.70cm）＞潮土（20.67cm）＞水稻土（20.60cm）。

二、冬季地下水位

景宁畲族自治县水稻土地下水位在80cm以上，排水条件较好，表4-13。

表4-13 冬季地下水位 （距地面厘米）

编号	地下水位（cm）	耕地及园地面积（亩）	占百分比（%）	备注
1	＞100	8 026	4.1	
2	80～100	188 779	95.9	
3	50～80	0	0.0	
4	20～50	0	0.0	
5	≤20	0	0.0	
	合计	196 805	100	

不同土类的平均冬季地下水位由高到低依次为潮土（100.18cm）＞红壤、水稻土（100.02cm）＞黄壤（99.91cm）。

第五章　耕地地力

第一节　耕地地力评价概况

一、耕地地力评价指标体系

耕地地力即为耕地生产能力，是由耕地所处的自然背景、土壤本身特性和耕作管理水平等要素构成。耕地地力主要由三大因素决定：一是立地条件，就是与耕地地力直接相关的地形、地貌及成土条件，包括成土时间与母质；二是土壤条件，包括土体构型、耕作层土壤的理化形状、土壤特殊理化指标；三是农田基础设施及培肥水平等。根据浙江省耕地地力分等定级方案，选择地貌类型、有机质、排涝抗旱能力等 16 项因子，作为景宁畲族自治县耕地地力评价的指标体系。

二、耕地地力分级面积

景宁畲族自治县耕地面积为 112 804hm^2，园地面积 84 001hm^2。景宁畲族自治县共采集 655 个点进行采样分析。根据耕地生产性能综合指数（IFI）采用等距法，将耕地地力划分为六个等级：一级地力、二级地力耕地（含园地）面积为 0hm^2；三级地力耕地面积 5 654hm^2、园地面积 54 078hm^2，二者占总面积的 30.35%；四级地力耕地面积 106 439hm^2、园地面积

29 915hm²，二者占总面积的 69.28%；五级地力耕地面积711hm²、园地面积8hm²，二者占总面积的0.37%；六级地力耕地（含园地）面积为0hm²，见表5-1。

表5-1 耕地地力分级

编号	耕地地力分级	耕地面积（亩）	园地面积（亩）	合计面积（亩）	占百分比（%）	备注
1	一级地力	0	0	0	0	
2	二级地力	0	0	0	0	
3	三级地力	5 654	54 078	59 732	30.35	
4	四级地力	106 439	29 915	136 354	69.28	
5	五级地力	711	8	719	0.37	
6	六级地力	0	0	0	0	
	合计	112 804	84 001	196 805	100	

三、各乡镇不同等级耕地的分布

表5-2为景宁畲族自治县部分乡镇、街道各级耕地的分布情况。三级地力主要分布在鹤溪镇，占三级田面积的19.9%；其余的三级田主要分布在沙湾镇（占总三级田的16.5%）、澄照乡（占总三级田的15.4%）、英川镇（占总三级田的8.0%）、九龙乡（占总三级田的5.8%），其他零星分布在标溪乡、渤海镇、大地乡、大漈乡、大均乡、东坑镇、葛山乡、鹤溪镇、家地乡、景南乡、梅岐乡等乡镇。

四级地力主要分布在红星街道（占四级田面积的9.9%）、鹤溪街道（占四级田面积的8.4%）、沙湾镇（占总四级田的8.2%）、澄照乡（占总四级田的7.5%）、英川镇（占总四级田的7.5%）、九龙乡（占总四级田的6.4%）、渤海镇（占总四级田的5.5%），其他零星分布在家地乡、景南乡、梅岐乡等乡镇。

五级地力主要分布在英川镇，占五级田面积的35.1%，鹤溪镇（占总五级田的24.1%）、郑坑乡（占总五级田的11.3%）、东坑镇（占总五级田的8.2%）、九龙乡（占总五级田的6.4%）、渤海镇（占总五级田的5.5%），其他零星分布在家地乡、景南乡、梅岐乡等乡镇。

表5-2　部分乡镇（街道）耕地地力等级情况 （单位：亩）

乡（镇、街道）	总面积	一级	二级	三级	四级	五级	六级
鹤溪街道	23 469	0	0	11 887	11 409	173	0
红星街道	13 459	0	0		13 459		0
英川镇	15 273	0	0	4 779	10 242	252	0
渤海镇	7 539	0	0		7 499	400	
东坑镇	59	0	0			59	0
沙湾镇	21 008	0	0	9 856	11 152		0
澄照乡	19 430	0	0	9 199	10 231		0
九龙乡	12 193	0	0	3 464	8 683	46	0
郑坑乡	81	0	0			81	0

四、耕地地力分级土种构成

景宁畲族自治县耕地地力等级高低与土壤种类之间有着一定的相关性，土壤肥力水平好和土壤发育程度较高的土种，出现在三、四级地力耕地的几率较大。地力相对较好的土种有：黄泥田、山地黄泥田、白砂田、砂性黄泥田、砂黏质红土、黄泥土等。各土种地力分级情况，见表5-3。

表5-3　耕地地力分级土种构成

编号	耕地地力分级	主要土种	备注
1	一级地力		
2	二级地力		
3	三级地力	黄泥田、山地黄泥田、白砂田、砂性黄泥田、砂黏质红土、黄泥土等	
4	四级地力	砂性黄泥田、山地黄泥田、黄泥田、砂黏质红土等	
5	五级地力	黄泥土、山地砾石黄泥土、山地砂性黄泥田等	
6	六级地力		

第二节　三级地力耕地分述

景宁畲族自治县三级地力耕地面积有 59 732hm²，占全耕地总面积的 30.35%，在 6 个地力等级耕地中，单位面积产量位居第一位，属于景宁畲族自治县中产耕地的上等地。主要构成土种有黄泥田、山地黄泥田、白砂田、砂性黄泥田、砂粘质红土、黄泥土等。三级地力耕地主要分布雁溪乡、澄照乡、沙湾乡、大际乡等乡镇。

一、立地状况

三级地力耕地所处的地貌类型主要为低山及高丘，成土母质多为原坡积物、残坡积物，土壤质地主要是壤土，耕作层厚度一般为 13~35cm，平均耕作层厚度 21.0cm。剖面的土体构型为 A－Ap－W－C 及 A－［B］－C 型。三级地力耕地是景宁畲族自治县农作物生产能力较强的耕地，它具有光热条件好，土壤质地适中，保肥力中等，耕作轻松，易旱作也易水作等优点。这类耕地农田生态环境良好，交通便利，灌排较为畅通，灌溉保证率 85% 以上。土壤类型主要为红壤（占 47.5%），其次为水稻土（占 27.7%），少数为黄壤（占 24.6%），潮土（占 0.3%）最少。

二、理化性状

1. pH 值

三级地力耕地土壤 pH 值最高为 8.2，最低为 4.1。其中，pH 值在 4.5~5.5 的占 86.26%，pH 值高于 5.5 的占 11.52%，pH 值低于 4.5 的占 2.22%。土壤酸碱度多数为弱酸性。

2. 容重

三级地力耕地土壤耕层土壤容重最大值为 $1.54g/cm^3$，最小值为 $0.86g/cm^3$，平均值为 $1.10g/cm^3$。其中，容重在 $1.0~1.1g/cm^3$ 的占 38.59%，容重高于 $1.1g/cm^3$ 的占 41.62%，容重低于 $1.0g/cm^3$ 的占 19.79%。

3. 阳离子交换量

三级地力耕地耕层土壤阳离子交换量最大值 15.4cmol（＋）/kg，最小值 4.9cmol（＋）/kg，平均值为 8.10cmol（＋）/kg。其中，阳离子交换量在 5~10cmol（＋）/kg 的占 97.98%，阳离子交换量大于 10cmol（＋）/kg 的占 1.82%，阳离子交换量低于 5cmol（＋）/kg 的占 0.2%。

三、养分状况

1. 有机质

三级地力耕地耕层土壤有机质含量最高值92.7g/kg，最低值为8.6g/kg，平均含量为31.65g/kg。其中，有机质含量在20~30g/kg的占42.22%，有机质含量高于30g/kg的占48.89%，有机质含量低于20g/kg的占8.89%。

2. 全氮

三级地力耕地耕层土壤全氮含量最高值8.33g/kg，最低值为1.04g/kg，平均含量为2.17g/kg。其中，全氮含量在1.5~2.0g/kg的占31.11%，全氮含量高于2.0g/kg占47.47%，全氮含量低于1.5g/kg的占21.41%。

3. 有效磷（Bray法）

三级地力耕地耕层土壤有效磷含量最高值为356.7mg/kg，最低值为0.3mg/kg，平均值为66.0mg/kg。其中，有效磷含量在18~25mg/kg的占11.11%，有效磷含量大于25mg/kg的占61.01%，有效磷含量低于18mg/kg的占27.88%。

4. 速效钾

三级地力耕地耕层土壤速效钾含量最高值为451mg/kg，最低值为8mg/kg，平均值为112.6mg/kg。其中，速效钾含量在100~150mg/kg的占27.47%，速效钾含量高于150mg/kg的占21.21%，速效钾含量低于100mg/kg的占51.31%。

四、生产性能及管理建议

三级地力耕地是景宁畲族自治县农业生产能力处于较高状态的一类耕地，这类耕地多数地处低丘和河谷平原，地势开阔，地面相对较平坦，土层比较深厚，阳光充足，又有足够的灌排水源，农民有秸秆还田的历史习惯，农家肥施肥量亦多，因此土壤比较肥沃。在20世纪50年代至90年代，通过土地平整改良、园田化建设、吨粮田工程和现代农业示范园区建设，耕地得到充分改良，尤其是第二次土壤普查，查明这类耕地土壤缺乏磷、钾元素，农民重视施用磷、钾肥，近几年有开展测土配方施肥，农民科学施肥水平提高，耕地地力得到进一步提高，这类耕地目前是景宁县重要粮食基地，目前，三级耕地的农业利用以种植粮食作物和蔬菜为主。

这次调查结果分析三级耕地立地条件较为优越，土地平整，耕地园田化程度较高，土壤养分较为全面，土壤 pH 值多数为酸性，土壤容重较轻，土壤阳离子交换量较高，蓄肥保水能力总体较强。耕层土壤有机质含量较丰，有效磷含量过高，速效钾含量总体较高。对于这类耕地的管理，农业生产上继续改良与培肥土壤，增施有机肥，控制磷肥的施用量，适施钾肥，加强测土配方施肥，提高肥料利用率。

第三节　四级地力耕地分述

景宁畲族自治县四级地力耕地面积有136 354hm²，占全耕地总面积的69.28%，在6个地力等级耕地中，单位面积产量位居第二位，属于全县中产田。主要构成土种有砂性黄泥田、山地黄泥田、黄泥田、砂黏质红土等。

一、立地状况

四级地力耕地所处的地貌类型主要为低山和高丘，成土母质主要有原坡积物、冲积物，土壤质地主要为壤土，耕作层厚度一般在 12～30cm。剖面的土体构型为 A－［B］－C 及 A－Ap－W－C 型。灌溉多为自流灌溉，旱地主要依靠人工浇水和自然降雨，水田灌溉保证率 78% 左右，排涝能力较强。四级地力耕地由于土壤砾石含量较高，部分耕地又有焦砾塥，土壤肥水保蓄能力稍显不足，地力状况稍弱于三级地力的耕地。土壤类型主要为水稻土（占 44.0%），其次为红壤（占 30.3%），少数为黄壤（占 25.3%），潮土（占 0.4%）最少。

二、理化性状

1. pH 值

四级地力耕地土壤 pH 值最高为 6.1，最低为 4.1。其中，pH 值在 4.5～5.5 的占 91.25%，pH 值高于 5.5 的占 3.13%，pH 值低于 4.5 的占 5.63%。土壤酸碱度多数为弱酸性。

2. 容重

四级地力耕地土壤耕层土壤容重最大值为 1.54g/cm³，最小值为 0.79g/cm³，平均值为 1.10g/cm³。其中，容重在 1.0～1.1g/cm³ 的占 32.5%，容重高于 1.1g/cm³ 的占 41.88%，容重低于 1.0g/cm³ 的占 25.63%。

3. 阳离子交换量

四级地力耕地耕层土壤土壤阳离子交换量最大值 9.9cmol（＋）/kg，最小值 4.6cmol（＋）/kg，平均值为 8.07cmol（＋）/kg。其中阳离子交换量在 5～10cmol（＋）/kg 的占

99.38%，阳离子交换量低于 5cmol（+）/kg 的占 0.62%。

三、养分状况

1. 有机质

四级地力耕地耕层土壤有机质含量最高值 58.0g/kg，最低值为 1.8g/kg，平均含量为 23.3g/kg。其中，有机质含量在 20～30g/kg 的占 42.50%，有机质含量高于 30g/kg 的占 18.13%，有机质含量低于 20g/kg 的占 39.38%。

2. 全氮

四级地力耕地耕层土壤全氮含量最高值 8.33g/kg，最低值为 1.07g/kg，平均含量为 1.97g/kg。其中，全氮含量在 1.5～2.0g/kg 的占 28.75%，全氮含量高于 2.0g/kg 的占 41.25%，全氮含量低于 1.5g/kg 的占 30.00%。

3. 有效磷（Bray 法）

四级地力耕地耕层土壤有效磷含量最高值为 369.0mg/kg，最低值为 0.1mg/kg，平均值为 17.70mg/kg。其中，有效磷含量在 18～25mg/kg 的占 2.50%，有效磷含量高于 25mg/kg 的占 13.13%，有效磷含量低于 18mg/kg 的占 84.38%。

4. 速效钾

四级地力耕地耕层速效钾含量最高值为 327.0mg/kg，最低值为 20.0mg/kg，平均值为 65.5mg/kg。其中，速效钾含量在 100～150mg/kg 的占 6.88%，速效钾含量高于 150mg/kg 的占 3.75%，速效钾含量低于 100mg/kg 的占 89.38%。

四、生产性能及管理建议

四级地力耕地是景宁畲族自治县农业生产能力处于中等的

一类耕地，由于农民的精细管理和重视肥料的投入，这类耕地的农作物产量与三级地力耕地的农作物产量差异不大，但净收益不如前类耕地。

四级地力耕地多数地处低山，目前，这类耕地上主要种植蔬菜及水果，由于农户对种植蔬菜及水果的重视，在这些耕地上施肥量大，有机肥用量比较充足，秸秆还田数量大，致使这些耕地土壤有机质比较丰富，肥力的提升比较明显。

这类耕地土壤呈酸性，并有不断酸化的趋势，土壤容重比较轻，土壤阳离子交换量略偏低，耕层土壤有机质和速效钾含量尚丰，但有效磷含量偏低。对于这类耕地的管理，应加强对酸化土壤的纠正，控制酸性化肥的施肥量，增加磷肥施用量，大力开展测土配方施肥，讲究施肥方法，以节省农业生产成本，减少面源污染，改善农田生态环境。

第四节　五级地力耕地分述

景宁畲族自治县五级地力耕地面积有 719hm²，占全耕地总面积的 0.37%，属于全县中低产田。主要构成土种有黄泥土、山地砾石黄泥土、山地砂性黄泥田等。

一、立地状况

五级地力耕地所处的地貌类型主要为低山及中山，成土母质主要有冲洪积物，土壤质地主要为壤土，耕作层厚度一般在 16 ~ 20cm。剖面的土体构型主要为 A – Ap – W – C 和 A – [B] – C 型。

灌溉多为自流灌溉，灌溉保证率70%左右，排涝能力较强，但遇暴雨形成特大洪水，容易冲毁农田。一般土壤中粒径大于1mm的砾石含量在10.75%左右，由于土壤砾石含量较高，故土壤保肥蓄水能力较弱，土壤肥力状况弱于前二类地力的耕地。土壤类型主要为黄土（占37.8%），其次为黄壤（占37.1%），少数为红壤（占25.1%）。

二、理化性状

1. pH 值

五级地力耕地土壤 pH 最高为5.5，最低为4.2。其中，pH值在4.5~5.5的占71.0%；低于4.5的占29.0%。土壤酸碱度呈酸性。

2. 容重

五级地力耕地耕层土壤容重最高值为 $1.31g/cm^3$，最低值为 $0.99g/cm^3$，平均值为 $1.08g/cm^3$。其中，土壤容重在 $0.9 \sim 1.1g/cm^3$ 的占55.7%，高于 $1.1g/cm^3$ 的占44.3%。

3. 阳离子交换量

五级地力耕地耕层土壤阳离子交换量最高值为 9.53cmol（+）/kg，最低值为 5.91cmol（+）/kg，平均值为 8.14cmol（+）/kg。其中，土壤阳离子交换量全部在 5~10cmol（+）/kg 之间。

三、养分状况

1. 有机质

五级地力耕地耕层土壤有机质含量最高值为 57.83g/kg，最低值为3.07g/kg，平均含量为27.50g/kg。其中，有机质含量在

20~30g/kg 的占 42.0%，高于 30g/kg 的占 21.2%，低于 20g/kg 的占 36.8%。

2. 全氮

五级地力耕地耕层土壤全氮含量最高值 4.63g/kg，最低值为 0.92g/kg，平均含量为 2.19g/kg。其中，全氮含量在 1.5~2.0g/kg 的占 22.51%，全氮含量高于 2.0g/kg 的占 65.34%，全氮含量低于 1.5g/kg 的占 12.15%。

3. 有效磷（Bray 法）

五级地力耕地耕层土壤有效磷含量最高值为 364.56mg/kg，最低值为 0.44mg/kg，平均值为 10.83mg/kg。其中，有效磷含量在 18~25mg/kg 的占 7.9%，有效磷含量高于 25mg/kg 的占 26.3%，有效磷含量低于 18mg/kg 的占 65.8%。

4. 速效钾

五级地力耕地耕层速效钾含量最高值为 199.12mg/kg，最低值为 21.71mg/kg，平均值为 50.87mg/kg。其中，速效钾含量在 100~150mg/kg 的占 6.3%，速效钾含量高于 150mg/kg 的占 0.1%，速效钾含量低于 100mg/kg 的占 93.6%。

四、生产性能及管理建议

五级地力耕地是景宁畲族自治县农业综合生产能力处于偏低的一类耕地。这类耕地大部分地处低丘陵地，部分为山间垄田与中、高丘陵山坡上的梯田，在山区这类耕地地势高，水源缺乏，又有山体阻隔，对农作物产量影响较大。这类耕地由于当地农民有秸秆还田习惯，而且有机肥肥源充足，致使土壤有机质含量比较高。在全国第二次土壤普查后，特别是近几年开展测土配方施肥，农民重视磷钾肥和复合肥的施用，促使土壤中有效磷及速效钾的含量普遍提高。因此，这类耕地的土壤肥力水平亦在不断提高之中。目前，此类耕地农业利用以种植茶叶和粮食作物为主，种植粮食作物的多采取早稻—晚稻—蚕豆（或油菜）、单季晚稻—春玉米（或蚕豆）的种植模式。

这次耕地地力调查结果分析显示，五级地力耕地土壤呈酸性，pH 值在 5.0 左右，有效磷含量较低，土壤容重比较轻，土壤阳离子交换量略偏低。部分耕地土壤质地黏重，黏结力大，耕作性能差；还有部分耕地土层较薄，土体含砂量及砾石含量较高，故漏水漏肥性强，在一般的肥水管理下作物后期易脱水脱肥，对作物生长不利。对这类耕地的管理，农业生产上提倡少量多次的施肥方法以减少肥料的流失，提高肥料利用率。大力推广测土配方施肥，控制和增加磷肥用量，增施生石灰等碱性肥料，加强对酸化土壤的纠正，增施有机肥，改善土壤理化性质，促进土壤团粒结构的形成，提高土壤保肥蓄水性能。

第六章　耕地地力综合评价与对策建议

第一节　耕地地力综合评价

一、耕地现状

1. 地形地貌

景宁畲族自治县地形复杂，丘陵山地占绝大多数，土壤类型较多，理化性状各异，有利于多种作物的生长，有利于合理布局，协调发展。但是由于地形切割较深，陡坡面积较大，对改造、利用带来一定困难。

2. 坡度

景宁畲族自治县的水田主要分布在平原、盆地及其他低山缓坡中，坡度一般低于10°，水土保持较好。

景宁畲族自治县的园地面积绝大多数分布在低山缓坡以及盆地丘陵上。

3. 剖面构型

景宁畲族自治县的水田主要有 A－Ap－W－C 型（潴育型水稻土）、旱地剖面构型多数是 A－［B］－C 型。

4. 地表砾石度

景宁畲族自治县大部分水田地表砾石度（＞1mm）在10%左右，但个别地方的水田地表砾石度也有大于10%，特别是近年来的土地整理，耕作层受到破坏，严重影响种植。

5. 冬季地下水位

景宁畲族自治县水稻田大多数地下水位在 100cm 以上，排水条件很好。但也有一小部分地块的地下水位只有 15cm。

6. 耕层厚度

景宁畲族自治县耕地耕层厚度变化幅度在 12～35cm，平均值为 20.8cm，基本满足农作物生长。

7. 耕层质地

景宁畲族自治县耕层质地以壤土为主，砂土、黏壤土占小部分。宜耕性较好。

8. 容重

景宁畲族自治县耕地土壤容重变化幅度在 0.79～1.54g/cm^3，平均值为 1.10g/cm^3。土壤较为疏松。

9. pH 值

景宁畲族自治县土壤耕层 pH 值在 4.5～5.5 的面积占 84.60%；≤4.5 的面积占 6.33%，耕地总体较酸。

10. 阳离子交换量

景宁畲族自治县土壤阳离子交换量的含量在 4.6～15.4cmol（＋）/kg，平均 8.08cmol（＋）/kg，属中等偏低水平。

11. 水溶性盐总量

景宁畲族自治县水溶性盐总量总体较低，对农作物生长不会产生影响。但在个别大棚蔬菜的耕地中水溶性盐总量较高，需要灌水洗盐。

12. 有机质

景宁畲族自治县土壤耕层有机质含量平均值 29.61g/kg，变化幅度在 1.8～92.7g/kg，属于中等水平。

13. 有效磷

景宁畲族自治县土壤耕层有效磷含量平均值为 54.31mg/kg，变化幅度在 0.1 ~ 369.0mg/kg，属于较高水平。

14. 速效钾

景宁畲族自治县土壤耕层速效钾含量平均值为 101.23mg/kg，变化幅度在 8.0 ~ 451.0mg/kg，属于较高水平。

15. 排涝能力

景宁畲族自治县排涝能力总体很好。

二、土壤养分时空演变状况

这次耕地地力评价所取的 655 个土壤样本养分测定与 1981 年全县第二次土壤普查耕地土壤（主要是水稻土）耕层养分农化分析结果对比，得出第二次土壤普查后 31 年来景宁畲族自治县土壤养分时空变化状况。

1. 土壤有机质含量变化不大

1981 年景宁畲族自治县有机质平均含量 28.00g/kg，2012 年景宁畲族自治县有机质平均含量 29.61g/kg，增幅为 5.8%。

主要原因：①随着农村煤气灶的使用，秸秆当作燃料的数量减少，秸秆还田数量有所增加，但还存在一定的秸秆焚烧问题；②商品有机肥的推广使用，但使用量较少。

2. 土壤全氮含量普遍提高

1981 年景宁畲族自治县土壤全氮平均含量 1.61g/kg，2012 年景宁畲族自治县土壤全氮平均含量 2.12g/kg，增幅为 31.68%。

主要原因：①土壤有机质提高，而土壤有机质与全氮含量具有良好的相关性，势必带来土壤全氮含量普遍提高；②氮肥施用量过多，造成土壤氮素收支相抵，盈余较多。

3. 土壤有效磷含量增幅较大

1981 年景宁畲族自治县土壤有效磷平均含量 29.41mg/kg，2012 年景宁畲族自治县土壤有效磷平均含量 54.31mg/kg，增幅为 84.67%。

主要原因：磷素容易被土壤固定，在土体内移动很小，不易流失。连续大量施用磷肥，能迅速提高土壤中的有效磷含量。

4. 土壤速效钾含量微增

1981 年景宁畲族自治县土壤速效钾平均含量 85.5mg/kg，2012 年景宁畲族自治县土壤有效钾平均含量 101.23mg/kg，增幅为 18.40%。

主要原因：虽然近年来钾肥施用数量有所增加，但由于种植杂交稻、蔬菜等作物需钾量也很大，收支基本平衡。

第二节　耕地地力建设存在问题与对策建议

一、施肥中存在的问题

1. 重化肥轻有机肥

生产上重视化肥施用，有机肥的施用越来越少，绿肥种植面积逐年减少，农家肥施用不足，造成土壤有机质含量不高，土壤肥力下降。

2. 重氮磷钾肥轻中微量元素肥料

生产中大量施用氮磷钾肥，中微量元素基本不施；土壤缺硼严重，镁、锌含量在临界值以下的也有零星地块出现。

3. 土壤板结日趋严重，土壤肥力差异扩大

土壤耕作和管理不尽合理，施肥种类单一，偏施氮素化肥现象突出，有机肥料施用不足，农田土壤板结现象突出。在地区之间、作物之间施肥不平衡，即使在同一地区，投入的化肥品种、数量的不同，导致同区域、同种土壤肥力的差异加大。

4. 施肥方法不当，肥料利用率低

部分农民对旱地追肥是在下雨时将化肥散于表土，造成养分随水流失或挥发损失，利用率低下；有的农户是在下雨时追肥，化肥随水流走，损失严重；有的农户是用酸性肥料与碱性肥料混施，降低了肥效。

二、施肥对策建议

根据针对耕地土壤养分现状和变化情况以及施肥中存在的问题，必须以有机肥为主，化肥为辅，有机肥料与无机肥料相结合，大量元素与中微量元素相结合，施足基肥，合理追肥，科学配比，测土施肥。

1. 重视有机肥

首先要推广秸秆还田技术，大力发展经济绿肥。其次大力积造和增施有机肥料。应积极制定优惠政策，营造重视有机肥、足量施用有机肥的社会环境，保证有机肥施用量 $15t/hm^2$ 以上。

2. 控制氮肥，提高氮素化肥利用率

根据速效氮含量状况，在氮素化肥的施用上要控制总量，按照不同区域、不同土壤、不同作物确定合理的氮肥用量。高肥力田块要适当降低氮肥用量，中、低肥力田块要适当增加或保持施肥量。一般稻田施用纯氮量每公顷控制在 $150 \sim 225kg$。

3. 减少磷肥用量

耕地土壤总体速效磷含量达到2级指标，耕地土壤速效磷相对丰富。因此，除速效磷含量低的田块适当增加施用量外，其他田块要减少磷肥施用数量。稻田磷肥施用纯量每公顷60~90kg。

4. 减少钾肥用量

景宁畲族自治县耕地土壤有效钾含量普遍较高。因此，除速效钾含量低的田块适当增加施用量外，其他田块要减少钾肥施用数量。一般稻田钾肥施用纯量每公顷为90~130kg。

5. 补施中微肥

施用中微肥，具有投资少、效益高的特点。但对中微量元素含量较丰富的土壤，施用中微肥不仅造成浪费，而且还有可能因施量不当造成中毒减产。因此，补施微肥必须有较强的针对性和适宜的用量。景宁畲族自治县耕地土壤普遍缺硼，小面积缺镁、锌。在施用中应根据当地实际，因地制宜，"缺什么、补什么"，重视中微量元素肥料施用，适时进行适量补施，防止过量造成肥害。

随着测土配方施肥项目在景宁畲族自治县进一步推进，摸清了影响景宁畲族自治县农作物生产中的制约因子主要有：土壤偏酸、部分水田易旱等，建议采取以下改造技术措施。

（1）配方施肥。根据当前农户对农田的投入只重视化肥不重视有机肥的现象，要指导农户重视有机肥和无机肥的配合施用，达到降低成本和改良土壤的目的。根据景宁畲族自治县土壤中氮、磷、钾高的实际情况，依据作物的需肥规律，合理调整氮、磷、钾比例，实施精准施肥和营养诊断施肥等先进的科学施肥技术。推广应用生物有机肥、水稻专用肥等，提高肥料使用效益和肥料利用率。

（2）增施有机肥。针对景宁畲族自治县粮田有机肥投入少，积极引导和鼓励农户广辟有机肥源，增施有机肥和无机生物肥料，疏松和活化土壤，改善土壤理化性状，培肥地力。一是发展绿肥，逐步推行粮—肥型种植模式，稳步提高绿肥种植面积。二是发展畜牧业，通过养畜来积肥。三是抓好各类作物的秸秆还田技术，禁止焚烧秸秆，积极推广秸秆切碎和堆腐还田技术。四是因地制宜，利用房前屋后的杂草等，积好焦泥灰等农家土杂肥。

（3）适施石灰。根据景宁畲族自治县部分土壤偏酸的现状，要适施石灰，这是一条简单易行的增产措施。

（4）改土培肥。针对部分标准农田如旱改水和部分土地平整田等农田的表土层瘠薄、肥力差等情况，实施增加肥沃的客土和增施有机肥的办法，加深农田耕作层厚度，提高肥力水平。

（5）兴修水利。因地制宜兴建山塘水库，增加蓄水，大力发展机电灌排，提高抗旱能力，扩大旱涝保收面积。

第三节　耕地资源合理配置和种植业结构调整对策与建议

景宁畲族自治县丘陵山地多，耕地少。以红壤、黄壤为主，岩性土为次的山地土壤，厚度适中，偏酸性居多兼有碱性土；水、热条件好，回春早，有多种多样的山地小气候。自然条件组合较为协调，且具有显著的垂直层次性，水稻、水果（柑桔、桃、杨梅、葡萄、枇杷等）、蔬菜、茶叶等作物都有其适生区域。为合理配置耕地资源，提出如下种植业结构调整建议：

一、稳定粮食生产

全面落实粮食生产扶持政策，积极开展粮食功能区建设，结合现代农业综合区规划和标准农田分布情况。

景宁畲族自治县规划在2010—2018年，建立粮食功能区46个，其中，100～200亩5个、200～500亩14个、500～1 000亩18个、1 000亩以上9个。景宁畲族自治县分澄照分区、大地分区等17个分区，建设面积3万 hm^2。在粮食功能区内，主导品种、主推技术、统防统治、测土配方施肥基本普及，使复种指数200%以上，其中，一年至少有一季种植粮食作物。全面按照良田、良种、良法、良机、良制等"五良"标准，把粮食生产功能区真正建设成为设施完备、机制健全的高标准吨良田。

二、培育优势产业

1. 蔬菜方面

在稳定以高山蔬菜、长豇豆等为主的山地蔬菜的基础上，将蔬菜产业作为发展城郊型农业的突破口来抓，加快推进露地栽培向设施生产转变，进一步提高抵御自然风险能力和亩产效益。山地蔬菜重点推广"微滴微灌"。加大优良品种引种力度，采用先进适用技术，提升蔬菜产品档次和单位面积经济效益。实施蔬菜产业提升工程，加快蔬菜标准化生产，优化蔬菜产业区域布局。

2. 茶叶方面

立足景宁畲族自治县茶叶的后发优势，将培育茶产业作为农民增收的新亮点，结合土地开发、老茶园改造，挖掘发展空间，扩大生产规模。2012 年，景宁畲族自治县已有茶园 5.4 万 hm^2，产茶 1 860t，产值达 1.5 亿元，占农业总产值 17% 以上，从业人员达 2 万余人。其中，获国内有机茶认证基地 2 877hm^2，获国际有机茶基地认证 225hm^2，绿色农产品基地认证 4 万余亩。景宁畲族自治县现有初具规模的茶叶企业 13 家，有 12 家通过 QS 认证。其中通过 ISO 9000 认证的企业有 6 家，认证率在全省居领先水平。至今，景宁畲族自治县已有省市级茶叶龙头企业 5 家、农民专业合作社 10 多家，其中省级示范性专业合作社 1 家。2012 年茶叶生产持续健康快速发展，夺取了茶叶产业"十二五"规划的开门红。计划在"十二五"期间每年投入惠明茶产业开发资金 500 万元，逐步把景宁畲族自治县茶产业建成基地规模化，加工专业化，产品绿色化，经营管理规范化，产业服务功能一体化的现代产业，真正成为县域"富民"产业，造福畲乡人民。

第四节 加强耕地质量管理的对策与建议

近年来，耕地占补平衡虽然在耕地面积数量上达到要求，但在耕地质量上达不到要求，同时土地整理和新开耕地的一些相关项目由于缺乏专业的农业耕地技术指导，整理效果不尽如人意。各种建设用地大部分占用了平整、土地质量等级较高的耕地，而开垦的耕地大多在山区、丘陵，新开耕地没有形成耕作层或耕作层很薄，土壤肥力低，漏水漏肥严重，再加之绝大部分新增耕地没有进行地力培肥，致使新开耕地质量明显不如被占耕地，甚至有些由于质量差、产量低或种不出庄稼，无人愿意耕种而被撂荒。对此，农民群众意见较大。据对新开耕地的调查情况来看，由于肥料施用量较少，新开耕地上的农作物普遍生长不好，未取得培肥土壤的作用。针对景宁畲族自治县耕地质量现状及建设方面存在的问题，我们认为，应采取有力措施，不断加大对耕地质量建设的投资力度，尽快提高耕地对粮食生产的保障能力。

一、建立耕地质量保护工程

用 5 ~ 10 年，根据景宁畲族自治县不同区域的耕地地力水平，相应开展实施沃土工程、中低产田改造工程和退化耕地修复工程。建议丽水市景宁畲族自治县财政局根据中央 1 号文件提出的"确定一定比例的国有土地出让金，用于支持农业土地开发，建设高标准基本农田，提高粮食综合生产能力"的要求，每年从耕地占用费中拿出一定比例资金用于标准化农田建设和耕地质量建设，并重点支持中低产田改造工程的实施。同时实施被占用耕地表土剥离工程，将肥力好的土壤以客土回填的形式铺到新开垦的耕地中，以提高新开垦耕地土壤等级。

二、加强严格的耕地质量监测和管理制度

加强耕地质量监测体系建设，建立耕地质量预警预报信息系统。进一步加强耕地质量监测点建设，密切掌握景宁畲族自治县基本农田耕地质量状况。建立区域性耕地质量数据库，包括土壤类型、土壤养分状况及环境质量指标等监测资料，实现数据的自动处理和高速传递，建立相关数据处理初级平台。努力实现耕地质量及其环境自动监控管理，为景宁畲族自治县耕地质量预警预报服务。围绕优势产业、特色产业的发展，根据不同农区生态环境、土壤类型、作物布局、耕作种植利用模式等，进一步优选和增设土壤环境质量监测点、土壤改良监测点和土壤肥力常规监测点，设立永久性保护标志。

三、推广提高耕地质量的关键技术

为了改变景宁畲族自治县肥料施用效率，提高土壤肥力，减少肥料对环境的污染，应积极推广测土配方和稻草还田等提高耕地质量的关键技术。通过测土配方施肥，协调土壤、肥料、作物之间的关系，以利于提高作物产量，改善产品品质，增强农产品市场竞争力。为解决耕地有机肥紧缺的问题，大力推广稻草还田技术是行之有效的重要措施。就目前景宁畲族自治县稻草还田情况看：一是还未全部普及。调查数据表明，只有55%的稻田面积实行了还田，并且稻草量的20%被焚烧或丢弃，致使有限的秸秆资源被浪费。二是稻草还田技术落后。

随着秸秆还田量的增加，过去的传统方式不能满足还田的实际需要。秸秆直接还田在分解过程中和作物争肥争营养容易导致作物减产，草虫害加重等问题，因此在实行稻草还田时还必须与其他措施综合配套，如施用腐秆灵以加快稻草腐烂分解，适量增施速效氮肥，以调节土壤碳氮比、缓解微生物与作物争氮的矛盾，促进水稻前期生长，提高水稻产量。另外加大有机无机复混肥推广力度，为稻田增加有机肥源。加强对新开耕地的培肥措施，指导农民对新开耕地，采取增加有机肥的施用量，亩施有机肥达到 1.5~2.0t，运用测土配方技术指导农民多用有机无机复混肥，以提高土壤有机质含量；改善新开耕地灌溉条件，对养分极缺的土壤鼓励农民种植豆科类作物，达到培肥地力的目的。

四、建立耕地质量管理长效机制

建立一种由相关部门共同监管耕地质量的长效机制，建议政府积极支持成立由农业局牵头，有国土、财政、水利和环保等部门为成员单位的耕地质量管理领导小组，不定期对景宁畲族自治县耕地质量管理工作进行检查监督管理，对涉及耕地质量的建设项目，立项、施工、验收等各个环节必须要有农业部门的参与，非农建设单位占用耕地事先要由农业部门进行质量等级审定，补充或是新开耕地要有农业部门的耕地质量评估意见，方能通过验收，财政部门才能拨付工程款。同时，为了加强对景宁畲族自治县耕地质量的监管，景宁畲族自治县农业局可建设耕地资源管理信息系统，建成耕地资源管理信息系统和基本农田质量管理数据库，实现对耕地质量监测、评价数据的统一管理，实现对耕地质量进行有效的监管。在土地整理、新开垦耕地和中低产田改造的相关项目中，应加强农业部门的参与，从专业的角度、科学的方法进行规划，对景宁畲族自治县的山、水、田、村、路进行综合规划，提高景宁畲族自治县的粮食综合生产能力，促进农业的可持续发展。

第七章 耕地地力评价成果应用

第一节 概 况

景宁县惠明茶于 1915 年荣获巴拿马万国博览会金奖，2005 年被国家机关事务管理局确定为特供专用茶。近年来，景宁畲族自治县政府通过各种茶事活动，开展了形式多样的宣传活动，惠明茶的品牌影响逐步增强，销售渠道不断拓展，销售量日益增长。2006 年，惠明茶公司与中国最大的茶叶销售公司——北京张一元茶叶有限公司签订了长达 10 年的茶叶购销合同。惠明奇尔公司在南京中国近代史遗址博物馆联手开发出"总统府茶"。目前，景宁畲族自治县有 5 家企业在北京、上海、南京、沈阳等 9 个省级城市建立了销售网点，茶叶市场不断拓展。

景宁畲族自治县于 2006 年制定发布了《景宁畲族自治县惠明茶地方标准》，2007 年制定发布《惠明茶茶园建设规范》等 4 个技术规范，使景宁畲族自治县的茶叶生产实现全程标准化，提升产业档次。龙头茶叶生产加工企业如惠明公司、奇尔公司等公司集茶叶种植、加工、销售于一体，已形成一定规模，辐射带动能力不断增强。

景宁畲族自治县茶园总面积 5.4 万 hm^2，较 2000 年增长了 120%。其中，无性系良种茶园比例占 65%，名列全省前茅。农户种茶收入明显增加，纯收益为 1.5 万 ~3.75 万元/hm^2。

第二节　背景与必要性

土壤是农业的基础，肥料是作物的粮食。改革开放以来，农田施肥技术有了较大的进步，氮磷钾化肥的大量使用，促进了农作物产量的大幅度提高，为保障农产品的供应发挥了巨大的作用。但就目前现状来看，在生产过程中，重施氮、磷肥，轻钾肥和忽视微量元素肥料的施用，养分比例严重失调。施肥观念上"三重三轻"的问题较普遍，即重化肥、轻有机肥；重氮磷肥、轻钾肥；重大量元素肥料、轻中微量元素肥料。在肥料的施肥量上，区域间、作物间不平衡，农民不了解自己耕种的作物和土壤对肥料的需求，盲目施肥，过量施肥现象严重，使景宁畲族自治县有限的耕地资源难以得到科学合理的利用和保护，给农业生产的可持续发展和农产品的优质、高效与安全带来隐患。这不仅造成生产成本增加，而且加剧面源污染，威胁农产品质量安全。因此开展耕地地力评价工作，显得十分必要。

目前，景宁畲族自治县茶叶产业以打造"千年惠明、百年名茶"为目标，做强"惠明"公共品牌，实现以茶富民、产销双赢。重点建设"鹤澄省级现代农业综合区"的惠明茶主导产业示范区，加强道路、排灌等基础设施建设。目前，景宁畲族自治县大部分是低产茶园，产茶 1 860 吨，产值达 1.5 亿元。如果对景宁畲族自治县所有茶园进行科学改造，新建无公害有机茶园，并按照科学的种植方式和管理方法进行规范化、产业化的经营管理，其经济效益将得到大幅提高，这将成为促进农民增收的一条重要途径。

第三节　耕地地力评价

一、调查方法与测试内容

按照《测土配方施肥技术规范（2011 年修订版)》和《农业部耕地地力评价规程》要求，扎实开展耕地地力评价工作。采用耕地地力调查与测土配方施肥工作相结合，依据《农业部耕地地力评价规程》规定的程序及技术路线进行实施的，利用景宁畲族自治县归并土种后的数据的土壤图、基本农田保护图和土地利用现状图叠加产生的图斑作为耕地地力调查的调查单元。2012 年，景宁畲族自治县茶叶种植面积为 5.4 万 hm^2，平均每个采样单元平均每 200 亩取一个土样，为便于田间示范跟踪和施肥分区，采样集中在位于每个采样单元相对中心位置的典型地块（同一农户的地块），采样地块面积为 1 ~ 10 亩。有条件的地区，可以农户地块为土壤采样单元。采用 GPS 定位，记录经纬度，精确到 0.1″。在作物收获后或播种施肥前采集，一般在秋后。茶园采样深度一般为 0 ~ 40cm。采样多点混合，每个样品取 15 ~ 20 个样点。采样时应沿着一定的线路，按照"随机""等量"和"多点混合"的原则进行采样。一般采用"S"形布点采样。在地形变化小、地力较均匀、采样单元面积较小的情况下，也可采用"梅花"形布点取样。避开路边、田埂、沟边、肥堆等特殊部位。每个采样点的取土深度及采样量应均匀一致，土样上层与下层的比例相同。取样器应垂直于地面入土，深度相同。用取土铲取样应先铲出一个耕层断面，再平行于断面取土。用四分法将多余的土壤弃去，保留混和土样 1kg 左右。从野外采回的土壤样品要及时放在样品盘上，摊成薄薄一层，置于干净整洁的室内通风处自然风干，风干后的土样按照不同的分析要求研磨过筛，充分混匀后，装入样品瓶中备用。

根据景宁畲族自治县标准农田立地状况、土壤剖面形态、理化性状等特点，确定以下 16 个指标组成耕地地力评价指标体系：即地貌类型、坡度、冬季地下水位、地表砾石度、土体剖面构型、耕层厚度、质地、容重、pH 值、阳离子交换量、水溶性盐总量、有机质、有效磷、速效钾、排涝抗旱能力等 16 项因子。同时，根据测土配方施肥项目实施要求，测试了土壤全氮、土壤有效铁、镁、铜、锌。测试方法按《测土配方施肥技术规范（试行)》要求执行。

二、茶园耕地地力评价结果

耕地地力即为耕地生产能力，是由耕地所处的自然背景、土壤本身特性和耕作管理水平等要素构成。耕地地力等级主要由三大因素决定：一是立地条件，就是与耕地地力直接相关的地形地貌及成土条件，包括成土时间与母质；二是土壤条件，包括土体构型、耕作层土壤的理化形状、土壤特殊理化指标；三是农田基础设施及培肥水平等。根据浙江省耕地地力分等定级方案，选择地貌类型、有机质、排涝抗旱能力等 16 项因子，作为景宁县茶园耕地地力评价的指标体系。

应用等距法确定耕地地力综合指数分级方案，将耕地地力等级分为三等六级，具体见表 7 - 1。

景宁畲族自治县茶园采样代表总面积 1.4363 万 hm^2，根据耕地生产性能综合指数（IFI）采用等距法，将耕地地力划分为6 个等级。

表 7 - 1   茶园耕地地力等级分级情况

编号	耕地地力分级	耕地面积（亩）	比例（%）	备注
1	一级地力	0	0.00	
2	二级地力	0	0.00	
3	三级地力	10 094	70.27	
4	四级地力	4 270	29.73	
5	五级地力	0	0.00	
6	六级地力	0	0.00	
	合计	14 364	100.00	

通过上表可以发现景宁畲族自治县茶园耕地地力主要为三级地力。三级地力占了采样代表总面积的 70.27%，四级地力占采样代表总面积的 29.73%，没有一级、二级、五级和六级地力。

第四节　结果分析

一、茶生产现状

2012 年，景宁畲族自治县已有茶园 5.4 万 hm²，产茶 1 860t，产值达 1.5 亿元，占全县农业总产值 17% 以上，从业人员达 2 万余人。其中，获国内有机茶认证基地 2 877hm²，获国际有机茶基地认证 225hm²，绿色农产品基地认证 4 万余亩。景宁畲族自治县现有初具规模的茶叶企业 13 家，有 12 家通过 QS 认证。其中，通过 ISO 9000 认证的企业有 6 家，在全省居领先水平。至今，景宁畲族自治县已有省市级茶叶龙头企业 5 家、农民专业合作社 10 多家，其中，省级示范性专业合作社 1 家。2011 年茶叶生产持续健康快速发展，夺取了茶叶产业"十二五"规划的开门红。计划在"十二五"期间每年投入惠明茶产业开发资金 500 万元，逐步把景宁畲族自治县茶产业建成基地规模化，加工专业化，产品绿色化，经营管理规范化，产业服务功能一体化的现代产业，真正成为县域"富民"产业，造福畲乡人民。

二、茶园利用现状

根据采样调查表，共采样茶园 61 个采样点，代表面积 1.44 万 hm²。景宁畲族自治县茶叶种植面积主要集中在澄照乡、鹤溪街道、沙湾镇、鸬鹚乡、梧桐乡、葛山乡、英川镇、郑坑乡、毛垟乡、雁溪乡、九龙乡、东坑乡、标溪乡、大地乡等乡镇，地貌类型主要为低山和高丘，低山占 81.90%，高丘占 18.10%；茶园土壤的耕层质地主要为壤土和黏壤土，分别占 85.39% 和 14.61%。茶园土壤耕层厚度多数在 15～30cm，其中土壤耕作层厚度在 15～20cm 的占 65.07%，20～25cm 的占 28.04%，25～30cm 的占 6.89%；茶园土壤剖面的土体构型为 A－[B]－C、A－AP－W－C 型，所占比重分别是 46.83%、53.17%。

三、茶园土壤状况

1. 茶园土壤物理性状况

（1）pH 值。景宁畲族自治县茶园土壤中 pH 值最低为 4.1，pH 值最高为 6.4，pH 值平均为 5.14。其中，pH 值低于 5.0 的占 61.51%，pH 值在 5.0～6.0 的占 34.45%，pH 值高于 6.0 占 4.04%。调查数据表明，景宁畲族自治县茶园土壤趋于酸化，而景宁茶生长最适宜的 pH 值为 4.5 至 6.5 之间，其中，5.5 是最适值，当 pH >6.5 时，生长逐渐停滞，超过 7.0 时甚至会死亡，低于 4.0 时茶树生长受到抑制，影响茶叶产量与质量，并且物理化性质明显恶化，就目前来说，当前的土壤 pH 值十分适合景宁茶的生长。但是，景宁茶园土壤有酸化的趋势。引起茶园土壤酸化的原因，是茶树自身物质循环（即茶树凋落物和修剪叶还园）和茶树根系代谢而产生的土壤酸化。除上述茶树自身物质代谢导致茶园土壤酸化外，过量施用氮肥是导致目前景宁茶园土壤酸化的一个重要原因。茶园土壤酸化应引起高度重视，土壤 pH 值降到 4.5 以下的茶园，应以增加交换性 Ca^{2+} 和其他盐基离子为主，可采取化学改良措施进行调整，适量施用含钙、镁的肥料，调整土壤 pH 值；土壤 pH 值在 4.5 ~ 5.0 的茶园，土壤对酸性物质的加入敏感，应少用致酸肥料，多施有机肥，增加土壤的抗逆性。保持茶园土壤 pH 的稳定和茶园的可持续发展，防止土壤过度酸化。

（2）容重。茶园土样耕层土壤容重最大值为 $1.54g/cm^3$，最小值为 $0.92g/cm^3$，平均值为 $1.12g/cm^3$。土壤容重是反映土壤松紧程度、空隙状况等性状的综合指标，容重不同，直接或间接地影响土壤水、肥、气、热状况，从而影响肥力的发挥和作物的生长，有可能成为作物高产的一个重要限制因子。根据土壤容重在 $1.1 ~ 1.3g/cm^3$ 为优质高产茶园的标准，土壤容重总体为中等偏上水平。

（3）阳离子交换量。茶园土样的耕层土壤阳离子交换量最大值为 9.80cmol （ + ）/kg，最小值为 5.90cmol （ + ）/kg，平均为 7.90cmol （ + ）/kg。土壤阳离子交换量是影响土壤缓冲能力高低，也是评价土壤保肥能力、改良土壤和合理施肥的重要依据。交换量在高于 20cmol（＋）/kg 为保肥力强的土壤；20～10cmol（＋）/kg 为保肥力中等的土壤；低于 10cmol（＋）/kg 为保肥力弱的土壤。可见土壤阳离子交换量偏低。

2. 茶园土壤的养分状况

（1）有机质。景宁畲族自治县茶园土壤有机质含量普遍在 20～40g/kg，最高为 62.5g/kg，最低为 12.6g/kg，平均含量为 27.04g/kg。其中，高于 15g/kg 的占 96.15%。优质高产高效茶园土壤有机质含量要求高于 15g/kg 以上，数据表明，景宁畲族自治县茶园土壤有机质含量水平总体较高。

（2）全氮。全氮的含量能从总体上反映土壤的肥力水平和供氮水平，全氮含量与茶叶产量也呈正相关趋势。景宁畲族自治县茶园土壤全氮含量普遍在 1.17～2.97g/kg，占 91.43%，最高 8.33g/kg，占 8.57%，最低为 1.17g/kg，平均含量为 2.10g/kg。优质高产高效茶园土壤全氮含量要求高于 1g/kg。由此看来，景宁畲族自治县茶园土壤全氮含量较高，这可能与农民过量施用氮肥有关。因此，景宁县茶园应适当减少氮素的投入，提高肥料利用率，以防引起地下水的污染和茶叶中硝态氮的超标。

（3）有效磷。景宁畲族自治县茶园土壤中有效磷含量最高土样含量为 356.7mg/kg，最低为 0.1mg/kg，平均值为 42.78mg/kg。其中，有效磷含量低于 30mg/kg 的有 73.51%，有效磷含量高于 100mg/kg 的只有 16.19%。由此看来，景宁畲族自治县茶园土壤有效磷含量普遍偏低。磷在茶树体内代谢过程和能量传递中起着一定的作用，它对叶绿素的形成，蛋白质、淀粉的合成等，都有密切的关系。对于新梢的形成，根系的扩大起着重要作用，并有助于增强茶树的抗旱、抗寒性以及生殖生长，如缺磷则体内引起代谢失常，蛋白质的合成受到抑制，影响叶面积的扩大和新梢生育，从而使鲜叶产量、品质下降。严重时，植株生长差，老叶呈暗绿到变黄凋落，根系带黑褐色，生长也差，因此，景宁县茶园土壤应增加磷肥的投入。

（4）速效钾。景宁畲族自治县茶园土壤速效钾含量普遍在 $50\sim200$ mg/kg，最高值为 422mg/kg，最低值为 25mg/kg，平均值为 125.08mg/kg。其中茶园土壤速效钾含量高于 100mg/kg 的占 43.01%。优质高产高效茶园土壤速效钾含量要求高 100mg/kg，由以上数据来看，景宁畲族自治县茶园土壤速效钾含量平均水平基本达到优质茶园钾素要求的水平，但各茶园土壤速效钾含量之间差别较大，这可能与茶园的栽培管理有关。钾素常在生长迅速和蛋白质大量合成部分含量最多，表明钾在树体代谢过种中有重要的作用，它能促使碳水化谷物的转运与贮存，调节茶树吸水与蒸腾，提高抗旱、抗寒能力。此外对提高抗病能力也有一定的作用，当缺钾时，植株枝条细弱、稀疏、叶片常提早脱落，边缘坏死，且易感染病虫害和干旱灾害。因此掌握好钾肥的施用，适量增施钾肥对茶园的意义重大。

（5）锌、铜、铁、镁有效含量。景宁畲族自治县茶园土壤有效锌含量范围为 $0.16\sim5.78$ mg/kg，平均值为 2.28mg/kg；有效铜含量范围为 $0.01\sim9.26$ mg/kg，平均值为 0.91mg/kg；有效铁含量范围为 $1.1\sim60.0$ mg/kg，平均值为 27.19mg/kg；有效镁含量范围为 $9.0\sim701.0$ mg/kg，平均值为 162.48mg/kg。韩文炎等的研究表明，优质高产高效茶园土壤要求：有效锌含量高 2.0mg/kg，有效铜含量高于 1.0mg/kg，有效铁含量高于 10mg/kg，有效镁含量高于 50mg/kg。由此看来，景宁畲族自治县茶园土壤镁、锌、铁有效量较高，铜的有效量都偏低。茶树有机体是由多种元素组成的，据等离子发射光谱测定结果，目前已从茶树体中找到30~40种元素，其中除碳、氢、氧以外，其余主要都是从土壤中吸收而来的，这些元素常被称作矿质元素。茶树所需的各种营养元素，不论含量多少，都有它自己的作用和功能，彼此之间不能取代，如缺少其中某一种元素，其他元素的作用和功能将无法发挥。有的元素虽很低，但也不可缺少，如锌虽只有百万分之几，但它们是各种酶的组成成分，缺少它们各种物质代谢作用将无法进行，其他元素含量再多也没有作用的。因此景宁茶园应注意补施各种矿物质肥。

第五节　茶园综合培肥管理措施

一、施肥要以土壤检测分析为依据

根据优质高效高产茶园土壤的评价指标，景宁畲族自治县茶园土壤 pH 值目前十分适合景宁茶的生产，但是有酸化的趋势，应有效的控制施肥，防止土壤 pH 酸化；有机质、全氮含量就目前水平来看多数达到指标要求；有效磷含量总体偏低；速效钾平均水平虽接近指标要求，但极不平衡；锌、铁、镁的含量达到指标要求；铜有效量较低。综合茶树需肥特性、地力培育要求和土壤养分含量、农民施肥现状，景宁畲族自治县茶园在土壤改良和施肥管理总体上应采取，控酸、补磷、适钾、补锌、补铁、补铜、重有机肥等措施。但土壤养分含量变幅较大，建议各地在管理中应根据土壤养分丰缺状况，有的放矢，合理施肥。未能定期进行土壤检测分析的茶园，可参照临近地块、同类土壤实施配方施肥。

二、茶园土壤改良

茶园土壤酸化应引起高度重视，土壤 pH 值降到 4.5 以下的茶园，应以增加交换性 Ca^{2+} 和其他盐基离子为主，可采取化学改良措施进行调整，调整土壤 pH 值；土壤 pH 值在 4.5～5.0 的茶园，土壤对酸性物质的加入敏感，应少用致酸肥料，多施有机肥，增加土壤的抗逆性。

1. 施用石灰物质

石灰物质（生石灰、白云石粉等）的施用是改良酸性土壤的传统做法。施用石灰物质后不仅能中和土壤中的活性酸和交换性酸，使土壤 pH 值明显升高，土壤耕层交换性 Ca^{2+} 浓度也有所增加。由于钙饱和胶体的絮凝作用，能促使土壤胶体凝聚，有利于土壤良好结构的形成。而且施用石灰能中和酸性土壤中过多的 Al^{3+}、Mn^{2+}，适量的施用还能提高土壤中磷的有效性。石灰物质的施用还可改善土壤微生物环境。由于酸性土壤中施用石灰改善了土壤的理化性状，对茶叶产量和质量的提高也起到了促进作用。石灰物质的施用量依土壤状况而定，一般可施用石灰 50～100kg/亩，在秋季与基肥一起施入，根据实际情况掌握施用次数。

2. 施用生理碱性肥料

生理碱性肥料主要有硝酸钾、草木灰等，这些肥料均适于在酸性土壤上施用，特别是硝酸钾，因所含氮素为硝态氮形态，有利于作物的吸收利用和产量质量的提高。施用这些碱性肥料能增加了土壤的 K^+ 和 OH^- 离子的浓度，有利于土壤 pH 值的提高。草木灰是植物燃烧后的残灰，由于富含氧化钙和碳酸钾，溶于水呈碱性反应，在酸性土壤中施用不仅能降低土壤酸度，而且能提供大量的钾素营养，还可补充磷、钙、镁和一些微量元素。酸性土壤中应避免施用铵态氮肥、过磷酸钙等酸性肥料。

3. 增施有机肥

增施有机肥是降低土壤酸化的有效途径。适当施用有机肥，不仅可以提高土壤的肥力，供给作物生长必需的养分，而且还有改良土壤结构的作用，可提高土壤缓冲能力。有机肥通常都含有较丰富的钙、镁、钠、钾等元素，它可以补充由于土壤酸化而造成的盐基离子淋失，而这些盐基离子及其与各种有机酸及其盐所形成的络合体具有很强的缓冲能力；此外有机肥经微生物分解后合成的腐殖质可与土壤中矿质胶体结合，形成有机－无机复合胶体，也能增加土壤的缓冲性能。因此，有机肥对土壤酸化有很大的缓冲作用，能使土壤 pH 值在自然条件下不会因外界条件改变而剧烈变化。但有机肥的施用前必须经过充分腐熟，否则它在土壤中的腐解过程中分泌一些有机酸，能加剧土壤的酸化。

4. 测土配方施肥

测土配方施肥是保持土壤 pH 值的重要途径。测土配方施肥就是根据作物需肥规律、土壤供肥性能与肥料效应在有机肥为基础的条件下，提出氮、磷、钾及中、微量元素等肥料的施用品种、数量、施肥时期和施用方法。长期大量偏施氮肥，造成土壤 pH 值持续下降，随着土壤的酸化，控制土壤酸度的钙、镁、钾等盐基离子淋溶加剧，而这些盐基离子与 pH 值有着显著正相关关系。它们的淋失，既影响茶树对这些元素的吸收，又破坏了土壤的结构。因此，茶园中肥料应以氮、磷、钾、镁及其他微量元素配合施用，以平衡土壤养分，调节土壤 pH 值。通过测土配方施肥，可以有效地防止茶园土壤的进一步酸化，确定有机肥、化肥的最佳配比以及化肥中各种元素的最佳施肥量，最大限度地提高肥料利用率，从而保护生态环境，培育可持续发展的良田。

5. 根据茶树品种、树龄、产量，制定相应的施肥计划

（1）根据茶树品种施肥。不同茶树品种对养分的需求不同，比如龙井43要求较高的氮、磷和钾肥施用量，而安吉白茶则施肥量不能过高，龙井长叶对钾肥的需求较高；乌牛早、平阳特早、龙井43、中茶108萌芽特早，要求秋冬基肥配施速效化肥，提早施催芽肥。因此要根据景宁茶的特点，有的放矢，合理施肥。

（2）根据树龄和产量施肥。茶园施肥是茶树持续高产优质的物质基础。据科学实验分析，从茶树上采下的芽叶，其成分中水分含量约75%，干物质含量约25%。这些干物质正是茶树维持正常生长所需要的碳、氢、氧、氮、磷、钾、钙、镁、铝、硫、铁等多种元素，而且茶树需要量大，称大量元素。还有一些茶树需土壤中都能供给这些元素的需要，但茶树对氮、磷、钾的消耗最多，往往土壤又缺乏，所以氮、磷、钾就成为肥料的三要素。

但是根据茶树的树龄和产量不同，施肥量及氮、磷、钾三要素比例、各季施肥量也不同。幼龄茶园施肥应氮、磷、钾并重，三要素用量比例为2:1:1；年追肥用量1~2年生，每公顷施纯氮37.5~75.0kg；3~4年生，每公顷施纯氮75.0~112.5kg；5~6年生，每公顷施纯氮112.5~150.0kg。成龄采摘茶园施肥以氮为主，辅以磷、钾肥。施肥量按每生产100kg干茶施纯氮12.5~15.0kg计算，三要素用量比例为（3~5）:1:（1~2），并结合茶园土壤养分含量、肥料利用率、茶树生长和

修剪消耗养分等因素作相应的调整。但是，化学氮肥（以纯氮计）每公顷每次施用量不能超过 225kg（相当于尿素 489kg），年最高用量不得超过 900kg（相当于尿素 1 957kg）。基肥与追肥用量比例为 4∶6，追肥中春、夏、秋季用量比例为 5∶2∶3。

（3）肥料配方和施用安排要平衡、准确。

①有机肥和无机肥要平衡　要求基肥以有机肥为主，追肥以无机肥为主。

②氮肥与磷钾肥　大量元素与中微量元素要平衡。

③基肥和追肥　根部施肥和叶面施肥要平衡。在根部施肥的基础上配合施叶面肥，秋冬季要重施基肥，在土壤干旱或施用微量营养元素时，采用叶面施肥以发挥肥效。

④根据土壤、茶树、气候等因素准确掌握施基肥和追肥的时间、种类、数量和方法　一般茶园施肥次数要求一次基肥三次追肥经常叶面喷肥，高产茶园可在春茶期间和秋茶期间分别增施一次追肥，以满足茶树对养分的持续需求。

（4）施肥要做到"深"和"早"。

①肥料要适当深施　茶树种植前，底肥的深度至少要求在 30cm 以上，基肥应达到 20cm 左右，追肥深度也要达到 5 ~ 10cm，原则上不宜撒施，否则遇大雨时会导致肥料冲失，遇干旱时造成大量的氮素挥发而损失，甚至造成肥害。

②肥料要适当早施　进入秋冬季后，随着气温降低，茶树地上部逐渐进入休眠状态，根系开始活跃，但气温过低，根系的生长也减缓，故早施基肥可促进根系对养分的吸收。根据景宁县气候，要求基肥在 10 月份施下。催芽肥施用时间也要早，一般要求比名优茶开采期早 1 个月左右，景宁县应在 2 月份施肥。夏秋季追肥应在每轮茶萌发前 10 ~ 15 天施肥，景宁县应分

别掌握在 5 月中旬、6 月下旬至 7 月上旬施用。

（5）茶园施肥要与其他技术措施相配套。

①施肥方式因天气、肥料种类不同而异　这一点在季节性干旱、土壤黏重的低丘红壤茶园显得尤为重要。如天气持续干旱，土壤板结，施入的肥料不易溶解和被茶树吸收；雨水过多时期或暴雨前施肥则易导致肥料养分淋溶而损失。根据肥料种类采用不同的施肥方式则可提高肥料的利用率，如尿素、硫酸铵等氮肥在土壤中溶解快，容易转化为硝态氮，而硝态氮不是茶树喜欢的氮素来源，又易渗漏损失，因此，茶园施化学氮肥时不能一次性施得过多，以每公顷每次不超过 225kg 为宜；磷肥则与氮肥相反，在土壤中极易固定，集中深施有利于提高磷肥的利用率。

②施肥与土壤耕作、茶树采剪、病虫防治相配套　如施基肥与深耕改土相配套，施追肥与锄草结合进行，既节省成本，又能提高施肥效益；采摘名优茶为主的茶园应适当早施、多施肥料；幼龄茶园和重剪、台刈改造茶园应多施磷、钾肥等。病虫为害严重的茶园，特别是病害较重的茶园应适当多施钾肥，并与其他养分平衡协调。叶面施肥与病虫害防治结合进行，在茶园防治病虫害时，结合叶面施肥，省工增效，一举两得。

附录1 耕地地力评价成果统计表

表1 各乡镇（街道）耕地（含园地）面积汇总 （单位：亩）

乡镇 （街道）	1 面积 合计	2 耕地 面积	3 园地 面积	4 水田 面积	5 旱地 面积	6 茶园 面积	7 果园 面积	8 其他园 地面积
鹤溪街道	23 469	4 357	19 112	3 416	941	15 572	1 683	1 857
红星街道	14 194	8 459	5 735	6 956	1 503	2 100	2 313	1 322
渤海镇	9 696	6 774	2 922	5 346	1 428	1 625	1 028	269
东坑镇	9 316	7 762	1 554	6 189	1 573	1 154	300	100
英川镇	15 273	8 651	6 622	7 123	1 528	2 100	2 970	1 552
沙湾镇	21 008	10 170	10 838	8 228	1 942	6 099	4 298	441
大均乡	5 600	3 969	1631	3 353	616	884	383	364
澄照乡	19 430	7 029	12 401	5 874	1 155	10 221	976	1 204
梅歧乡	3 677	3 241	436	2 801	440	300	136	
郑坑乡	4 604	2 846	1 758	2 187	659	1 528	230	
九龙乡	12 193	8 874	3 319	7 275	1 599	576	2 273	470
大际乡	4 961	3 937	1 024	2 662	1 275	323	167	534
景南乡	5 469	5 068	401	3 915	1 153	165	23	213
雁溪乡	3 665	2 996	669	2 622	374	530	74	65
葛山乡	5 366	3 823	1 543	2 994	829	1 369		174
鸬鹚乡	6 438	3 965	2 473	3 409	556	1 285	1 050	138
梧桐乡	8 542	4 863	3 679	3 967	896	2 844	647	188
标溪乡	5 137	2 973	2 164	2 673	300	1 272	829	63
毛洋乡	4 115	2 134	1 981	1 865	269	1 735	94	152
秋炉乡	3 723	2 895	828	2134	761	614	20	194
大地乡	6 619	4 936	1 683	4262	674	600	277	806
家地乡	2 815	2 413	402	1 930	483	349	53	
林业总场	1 495	669	826	420	249	577	178	71
合计	196 805	112 804	84 001	91 601	21 203	53 822	19 772	10 407

表2　部分乡镇（街道）耕地地力等级情况　　（单位：亩）

乡（镇、街道）	总面积	一级	二级	三级	四级	五级	六级
鹤溪街道	23 469	0	0	11 887	11 409	173	0
红星街道	13 459				13 459		
英川镇	15 273	0	0	4 779	10 242	252	0
渤海镇	7 539	0	0		7 499	40	0
东坑镇	59	0	0			59	0
沙湾镇	21 008	0	0	9 856	11 152		0
澄照乡	19 430	0	0	9 199	1 0231		0
九龙乡	12 193	0	0	3 464	8 683	46	0
郑坑乡	81	0	0			81	0

表3　各乡镇（街道）耕地土壤类型分布情况　　（单位：亩）

土类	亚类	土属	土种	面积	占比（%）	分布乡镇（街道）
红壤	红壤	红泥土	红泥土	17 570	0.60	东坑、鹤溪
	黄红壤	黄泥土	黄泥土	436 186	14.91	红星、沙湾、渤海、英川、东坑
			黄泥砂土	108 268	3.70	英川、葛山、沙湾、东坑、鹤溪、九龙
			黄砾泥	94 864	3.24	梧桐、沙湾、东坑、鹤溪
		砂黏质红土	砂黏质红土	44 321	1.52	鹤溪、澄照
		粉红泥土	紫粉泥土	1 646	0.06	沙湾、梧桐
		红砂土	红砂土	19 365	0.66	红星
		红松泥	红松泥	9 936	0.34	鹤溪、渤海
	侵蚀型红壤	石砂土	石砂土	568 282	19.43	各乡镇街道均有分布
		白岩砂土	白岩砂土	5 552	0.19	澄照

（续表）

土类	亚类	土属	土种	面积	占比(%)	分布乡镇(街道)
黄壤	黄壤	山地黄泥土	山地黄泥土	377 977	12.92	各乡镇街道均有分布
			山地砾石黄泥土	333 744	11.41	鹤溪、英川、东坑、景南、梅岐
			山地香灰土	45 831	1.57	红星、大地、大漈、英川、梅岐、梧桐、大均、东坑
			山地红黄泥	12 811	0.44	东坑
		山地黄泥砂土	山地黄泥砂土	157 186	5.37	红星、英川、沙湾、东坑、家地、澄照
			山地砾石黄泥砂土	6 693	0.23	英川、沙湾、景南、澄照
			山地乌黄泥砂土	17 200	0.59	东坑、沙湾
	侵蚀型黄壤	山地石砂土	山地石砂土	260 438	8.90	各乡镇街道均有分布
			山地石岬香灰土	10 504	0.36	沙湾、九龙
			山地白砂土	11 891	0.41	大漈、标溪、澄照
	表潜黄壤	山地草甸黄泥土	山地草甸黄泥土	237	0.01	鹤溪、梅岐、澄照

(续表)

土类	亚类	土属	土种	面积	占比(%)	分布乡镇(街道)
潮土	潮土	洪积泥砂土	砾石滩	135	<0.01	沿溪洪积扇群地
		清水沙	卵石滩	9 450	0.32	瓯江支流 小溪沿岸
			清水沙	238	0.01	瓯江支流 小溪沿岸
		培泥砂土	培砂土	1 114	0.04	红星、渤海、沙湾
水稻土	渗育型水稻土	山地黄泥田	山地黄泥田	65 917	2.25	各乡镇街道 均有分布
			山地砂性黄泥田	52 639	1.18	各乡镇街道 均有分布
			山地砾岬黄泥田	6 189	0.21	英川、大地、景南、东坑、郑坑
		黄泥田	黄泥田	101 779	3.48	各乡镇街道 均有分布
			砂性黄泥田	50 181	1.72	各乡镇街道 均有分布
			砾岬黄泥田	6 835	0.23	鹤溪、红星、英川、标溪、东坑
		白砂田	白砂田	19 977	0.68	鹤溪、大漈、澄照
		红泥田	红泥田	7 395	0.25	鹤溪、东坑
		红砂田	红砂田	1 655	0.06	红星
		红松泥田	红松泥田	4 591	0.16	渤海

附录1　耕地地力评价成果统计表

土类	亚类	土属	土种	面积	占比(%)	分布乡镇(街道)
水稻土	潴育型水稻土	洪积泥砂田	山谷泥砂田	1826	0.06	东坑、澄照、渤海
			山谷砾岬泥砂田	3813	0.13	红星、毛垟、景南、澄照
			山谷砾心泥砂田	328	0.01	梧桐
			谷口泥砂田	364	0.01	鹤溪、九龙
			谷口砾岬泥砂田	2624	0.09	鹤溪、红星、沙湾
			谷口砾心泥砂田	921	0.03	鹤溪、标溪、渤海
		黄泥砂田	黄泥砂田	7021	0.24	鹤溪、鸬鹚、沙湾、九龙
			砾心黄泥砂田	1439	0.05	梧桐
			黄泥粗砂田	532	0.02	东坑、澄照
		泥砂田	泥砂田	1782	0.06	鹤溪、红星、沙湾
			砾岬泥砂田	1311	0.04	鸬鹚、鹤溪
			砾心泥砂田	129	<0.01	鸬鹚、鹤溪
			溪滩砂田	527	0.02	沙湾、红星
		山地黄泥砂田	山地黄泥砂田	4235	0.15	葛山、大地、大漈、九龙
	潜育型水稻土	烂灰田	烂灰田	1653	0.06	葛山、大漈、景南
			烂灰瀺田	259	0.01	秋炉、澄照
		烂瀺田	烂黄泥田	57	<0.01	沙湾

附录2　测土配方施肥与耕地地力
评价大事记

一、2009 年度

4 月 23 日丽水市农业局、丽水市财政局（丽农〔2009〕15号）《关于申请 2009 年丽水市测土配方施肥补贴项目的请示》。

5 月 20 日《关于成立丽水市测土配方施肥项目领导小组的通知》（丽农发〔2009〕35 号）。

5 月 20 日布置水稻 3414 试验。

6 月 13 日张国平副局长到云和县指导测土配方施肥工作。

8 月 5 日赴杭参加全省重点土肥技术培训班。

9 月 10 日丽水市土肥工作会议。

10 月 8 日测土配方施肥示范方验收。

10 月 12 日赴沈阳参加第十一届全国肥料信息交流暨产品交易会。

12 月 21 日赴杭参加浙江省土壤检测技术培训班。

二、2010 年度

4 月 10 日《关于成立丽水市农业部测土配方施肥工作验收专家组的通知》（丽农发〔2010〕23 号）。

4 月 12 日全市土肥工作会议。

5 月 4 日丽水市农业局、丽水市财政局（丽农〔2010〕18号）《关于申请 2010 丽水市测土配方施肥补贴项目的请示》。

8 月 26 日赴武汉参加第十二届全国肥料信息交流暨产品交易会。

11 月 11 日赴衢州市衢江区考察学习标准农田质量提升工作。

11 月 13 日赴杭参加耕地地力评价工作会议。

11 月 15 日浙江省土肥站倪治华到丽水指导测土配方施肥工作。

三、2011 年度

4 月 18 日《关于做好 2011 年度测土配方施肥工作的通知》（景农发〔2011〕10 号）。

4 月 27 日丽水市测土配方施肥项目通过省农业厅阶段性验收。

5 月 20 日丽水市农业局、丽水市财政局（丽农〔2011〕10 号）关于申请 2011 年丽水市测土配方施肥补贴项目的请示。

9 月 30 日《关于组织开展 2008—2009 年度立项的农业部测土配方施肥项目检查工作的通知》（丽农发〔2011〕96 号）。

12 月 17 日检查冬绿肥示范方。

四、2012 年度

4 月 12 日《关于做好 2011 年度测土配方施肥工作的通知》（景农发〔2012〕18 号）。

4 月 17 日丽水市土肥植保工作会议。

5 月 23 日布置水稻 3414 小区试验。

6 月 6 日《关于成立丽水市农业局耕地质量建设与管理专家组的通知》（丽农发〔2012〕57 号）。

10 月 11 日测土配方施肥示范方验收。

10 月 22 日丽水市土肥及耕地质量管理工作会议。

12 月 24 日检查沃土工程冬绿肥示范基地。

附录3 测土配方施肥与耕地地力评价项目主要参加人员

项目管理：张国平　林华法　刘赵康

调查采样：李小荣　陈国鹰　梁碧元　程义华　李永青
　　　　　吴小芳　程　浩　金　凯　吴东涛　王华珍
　　　　　严　红　周晓锋　杜一新

分析化验：刘术新　丁枫华　陈国鹰　吴小芳　金　凯
　　　　　王华珍　严红

田间试验：丁枫华　梁碧元　周晓锋　胡华伟

数据审核：李小荣

数据录入：刘术新　金凯　王华珍

图件制作：任周桥　陈晓佳

耕地地力与配方施肥信息系统：吕晓南　任周桥　陈晓佳

耕地地力评级资料汇编：李小荣　梁碧元　吴东涛　陈国鹰

技术支持：浙江省农业科学院环境资源与土壤肥料研究所
　　　　　浙江省土肥站

主要参考文献

陈一定，单英杰. 2007. 浙江省标准农田地力与评价 ［J］. 土壤，39 （6）：987－991.

景宁畲族自治县人民政府. 2010. 景宁畲族自治县土地利用总体规划 （2006—2020）.

景宁畲族自治县人民政府. 2011. 景宁畲族自治县粮食生产功能区建设规划 （2010—2018）.

景宁畲族自治县人民政府. 2011. 景宁畲族自治县农业"十二五"发展规划.

景宁畲族自治县人民政府. 2011. 景宁畲族自治县水利"十二五"发展规划.

景宁县国土资源局. 2012. 景宁畲族自治县土地利用现状.

景宁县农业局. 1988. 景宁土壤志.

景宁县水利局. 2012. 景宁畲族自治县农田水利建设规划 （2011—2020）.

景宁县统计局. 2012. 景宁畲族自治县统计年鉴.

农业部. 2008. 测土配方施肥技术规范.

浙江省农业厅. 2008. 浙江省标准农田地力调查与分等定级技术规范.

浙江省人民政府. 2010. 浙江省耕地质量管理办法.